Vivek Singh
Abhishek Singh

Gestão do míldio de Sclerotinia em Brinjal

Vivek Singh
Abhishek Singh

Gestão do míldio de Sclerotinia em Brinjal

Gestão do míldio de Sclerotinia em Brinjal

ScienciaScripts

Imprint

Any brand names and product names mentioned in this book are subject to trademark, brand or patent protection and are trademarks or registered trademarks of their respective holders. The use of brand names, product names, common names, trade names, product descriptions etc. even without a particular marking in this work is in no way to be construed to mean that such names may be regarded as unrestricted in respect of trademark and brand protection legislation and could thus be used by anyone.

Cover image: www.ingimage.com

This book is a translation from the original published under ISBN 978-620-7-47191-1.

Publisher:
Sciencia Scripts
is a trademark of
Dodo Books Indian Ocean Ltd. and OmniScriptum S.R.L publishing group

120 High Road, East Finchley, London, N2 9ED, United Kingdom
Str. Armeneasca 28/1, office 1, Chisinau MD-2012, Republic of Moldova, Europe
Printed at: see last page
ISBN: 978-620-7-71674-6

ÍNDICE

INTRODUÇÃO

Capítulo I
INTRODUÇÃO

A Brinjal (*Solanum melongena* L.) ou beringela, pertencente à família Solanaceae, é uma das culturas hortícolas mais importantes, que se crê ter sido originária da Índia, e muitas espécies desta planta ainda crescem em estado selvagem neste país. A planta do ovo é um dos produtos hortícolas mais importantes da Ásia, onde se produz mais de 90% da produção mundial de beringela. A brinjal é o legume mais comum cultivado nos diferentes estados da Índia e é considerado o legume dos pobres devido à sua produtividade. É uma cultura perene, mas, comercialmente, é preferida como uma cultura anual. É utilizada como matéria-prima nas indústrias de produção de pickles e de desidratação. É também utilizado na medicina ayurvédica para curar a diabetes e é um bom aperitivo. Fornece vitamina A (27,0 UI) e C (2,2 mg) e minerais como o ferro, o fósforo e o cálcio. Rica em nutrientes, a planta do ovo fornece vitaminas, minerais e fibras alimentares vitais para a dieta humana, especialmente na estação das chuvas, quando outros vegetais são escassos para os pobres das zonas rurais e urbanas. A Índia é o segundo maior produtor mundial de brinjal, a seguir à China, e é cultivado durante todo o ano. Os principais Estados produtores de brinjal na Índia são Bengala Ocidental, Orissa, Gujrat, Bihar, Madhya-Pradesh, Maharashtra, Karnataka, Haryana, Assam, Tamil Nadu e Uttar Pradesh. Trata-se de um importante produto hortícola da região oriental do Uttar Pradesh, uma vez que se adapta melhor às suas condições ambientais.

Na Índia, em 2017-2018, foi cultivada numa área de 0,73 milhões de hectares, com uma produção de 12,80 milhões de toneladas e uma produtividade de 19,15 toneladas/ha. No Uttar Pradesh, a beringela foi cultivada numa área de 0,03 milhões de hectares, com uma produção de 1,06 milhões de toneladas. Entre todos os Estados, a produtividade foi mais elevada (34,34 toneladas/ha) em Uttar Pradesh (Anónimo, 2017). O rendimento varia de estação para estação, de variedade para variedade e de local para local. No entanto, em geral, podem obter-se 250 a 500 q/ha de frutos saudáveis de brinjal. O fruto pode ser consumido de várias formas, sem necessidade de uma preparação elaborada. Pode ser consumido cru ou cozinhado. Pode ser assado, estufado ou adicionado a sopas, caris, etc. O fruto da beringela ajuda a reduzir os níveis de colesterol no sangue e é adequado como parte de uma dieta para ajudar a regular a tensão arterial elevada. O fruto é anti-hemorroidal e hipotensor. É também utilizado como antídoto para os cogumelos venenosos. É esmagado com vinagre e utilizado como cataplasma para m a m i l o s gretados, abcessos e hemorróidas. As folhas são tóxicas e só devem ser utilizadas externamente.

Em todo o mundo, a produção de produtos hortícolas é ameaçada por muitos stresses bióticos e abióticos. Entre as pressões bióticas, sabe-se que os insectos-praga e os agentes patogénicos das plantas têm efeitos adversos na produção de produtos hortícolas. A cultura do brinjal é atacada por várias doenças fúngicas, bacterianas, virais e fitoplasmáticas, como o míldio de Sclerotinia (*Sclerotinia sclerotorum* (Lib.) De Bary), a mancha foliar de Alternaria (*Alternaria alternata* (Fr.) Keissler), o míldio [*Pythium aphanidermatum* (Eds.) fitz.; *Phytophthora* spp.; *Rhizoctoina* spp.], o míldio de *Phomopsis* (*Phomopsis vexans* Sacc. e Syd.) Harter, mancha foliar de Cercospora (*Cercospora melongenae* Chupp.; *C. solani.*), murcha de Verticillium (*Verticillium dahlia* Kleb), murcha de *Fusarium* (*Fusarium solani* (Mart.) App e Wollenw), a murchidão bacteriana (*Ralstonia solanacearum* Smith), a folha pequena (*Phytoplasma*), o vírus do mosaico, os nemátodos das galhas (*Meloidogyne javanica* (Treub) Chitwood) durante várias fases de crescimento que reduzem o seu rendimento e a qualidade dos frutos.

Entre as várias doenças, o míldio de Sclerotinia é uma doença importante que causa perda de qualidade e quantidade de frutos de brinjal. Em brinjal, foi registada uma incidência da doença de 47,3 por cento em condições de estufa (Iqbal *et al.,* 2003; Bairwa *et al.,* 2020). Na entressafra, as espécies de *Sclerotinia* sobrevivem principalmente através de esclerócios que podem estar presentes na superfície do solo em campos não arados ou em resíduos de culturas ou como mistura com as sementes. No passado, a doença do míldio da esclerotinia da brinjela foi gerida por vários métodos, nomeadamente o controlo químico, cultural e biológico e a utilização de variedades resistentes. No entanto, observou-se que os agentes patogénicos desenvolveram resistência à utilização regular de produtos químicos. A utilização de métodos de gestão alternativos é a melhor opção para a gestão desta doença, como as variedades resistentes e o controlo bio-agente/biológico.

Por conseguinte, tendo em conta os factos acima referidos e a gravidade do problema, o presente estudo é realizado com os seguintes objectivos

1. Isolamento, identificação e comprovação da patogenicidade de Sclerotinia blight of brinjal.
2. Seleção de germoplasma de brinjal contra o míldio de esclerotinia do brinjal.
3. Eficácia de diferentes produtos botânicos contra o míldio de esclerotinia do brinjal *em* condições *in vivo*.
4. Estudo sobre a gestão do míldio da esclerotinia da beringela.

REVISÃO DA LITERATURA

Capítulo II
REVISÃO DA LITERATURA

A couve-brinjal (*Solanum melongena* L.) é uma das mais importantes culturas hortícolas cultivadas em todo o mundo. A cultura é atacada por uma série de agentes patogénicos como fungos, bactérias, vírus, nemátodos ou factores ambientais que contribuem significativamente para um fraco rendimento. O míldio de Sclerotinia da brinjal, causado por *Sclerotinia selerotiorum* (Lib.) de Bary, é uma das doenças devastadoras da brinjal. Em determinadas condições, tem-se observado que causa perdas graves de rendimento. A doença foi registada pela primeira vez na Suécia em 1880 por Eriksson, com o nome de podridão do caule do trevo causada por *Sclerotinia trifolianuna* Eriksson. Smith, da Carolina do Norte, sinonimizou *Sclerotinia libertiana* (*S. sclerotiorum*) com base no tamanho dos esclerócios, que variava entre 0,3 e 10,0 mm. A literatura relativa à taxonomia, morfologia, identificação, sintomatologia, patogenicidade e gestão é a seguinte

Taxonomia e Nomenclatura:

A doença foi comunicada pela primeira vez na Suécia em 1880 por Eriksson, com o nome de podridão do caule do trevo causada por *Sclerotinia trifolianuna* Eriksson.

Jagger (1920) referiu um tipo de esclerotinia semelhante, de pequenas dimensões, capaz de produzir apotécios *in vitro* e descreveu uma nova espécie (*Sclerotinia minor*) que provoca o apodrecimento da alface, do aipo e de outras culturas.

Johnson (1994) relatou que o apodrecimento do caule da batata causado por Sclerotinia sclerotiorum é comum no noroeste do Pacífico.

Scheid e Uelzen (1999) observaram que o míldio do caule da batateira causado por *Sclerotinia sclerotiorum* é uma doença rara da batateira na Renânia e no Norte da Alemanha.

Ranja e Jana (2001) estudam a doença do bolor branco do feijão francês (*Phaseolus vulgaris*) causada por *Sclerotinia sclerotiorum, registada* pela primeira vez na região de Tarai de Bengala Ocidental, na Índia.

Roy (1973) registou pela primeira vez a presença de *Sclerotinia sclerotiorum na* Índia, em brinjais de Jorhat, Assam.

Singh e Agrawal (1989) foram os primeiros a isolar *S. sclerotiorum* de batata infetada na região de Rajasthan, que foi o primeiro relatório sobre o patógeno em batata na Índia.

Gupta (1997) observou a murcha de Sclerotinia de *Phaseolus vulgaris* em Himanchal Pradesh. O organismo causal foi registado como sendo *S. sclerotiorum.*

Johnson (1994) registou que a podridão do caule da batata causada por *Sclerotinia sclerotiorum* é comum no noroeste do Pacífico.

Yanr et al. (1996) observaram pela primeira vez sintomas de podridão do caule e dos frutos causados por *Sclerotinia sclerotiorum* em pimentos.

Carato e Bavillo (2000), relataram pela primeira vez na Europa um apodrecimento do caule e do colo causado por *Sclerotinia sclerotiorum* em plantas de carinata.

Sintomatologia:

Singh (2003) observou que os sintomas das plantas de brinjal infectadas com *Sclerotinia sclerotiorum* mostravam necrose dos tecidos, murchidão, trituração do caule afetado, amarelecimento e queda das folhas nos frutos, manchas encharcadas de água e crescimento micelial branco e fino e, em muitos casos, pode observar-se a formação de esclerócios.

Singh e Singh (2004) afirmaram que *S. sclerotiorum* é um agente patogénico não específico, omnívoro e devastador para as plantas. Está amplamente distribuído e foi registado como causador de várias doenças em diferentes espécies de plantas.

Higgins (1927) observou o crescimento micelial e a formação de *esclerócios* de *Sclerotinia sclerotiorum* em decocção de vagens de pimenta em cultura.

Isolamento, identificação e comprovação da patogenicidade de Sclerotinia blight of brinjal.

Vários trabalhadores descreveram o fungo isolado de diferentes hospedeiros com alguma variabilidade na morfologia e diferenciaram-no em espécies separadas. Erikson (1880) descreveu o agente patogénico da podridão do caule do trevo como *Sclerotinia sclerotiorum.*

Rai e Agnihotri (1970) registaram o agente patogénico *Sclerotinia sclerotiorurn* em Gaillardia de Jobner. Posteriormente, foi registado em funcho, batata, girassol, ervilha, brinjal, mostarda, etc., de outras partes do estado (Sehgal e Agrawal, 1971; 1989).

Tu (1989) referiu que, em *S. sclerotiorum, a* germinação dos esclerócios pode ser miceliogénica ou carpogénica. Na germinação miceliogénica, o micélio é produzido diretamente a partir do esclerócio e na germinação carpogénica uma estrutura de frutificação, o apotécio, é produzida pelo esclerócio. Para que ocorra a germinação carpogénica, o esclerócio deve receber luz suficiente para produzir os estipes e desenvolver os apotécios. Sem luz suficiente, a germinação será apenas miceliogénica e o micélio será capaz de penetrar nos tecidos saudáveis das plantas hospedeiras quando em contacto com eles.

Cessna *et al.* (2000) concluíram que a secreção de ácido oxálico é eficaz na patogénese de *S. sclerotiorum*

Ly *et al.* (2002) referiram *Sclerotinia sclerotiorum* como um importante agente patogénico foliar, que afecta uma vasta gama de produtos hortícolas e culturas livres em muitos países.

Bolton *et al.* (2006) referiram que a *Sclerotinia sclerotiorum* (L) de Bary é patogénica para uma vasta gama de hospedeiros em todo o mundo. O agente patogénico sobrevive sob a forma de esclerócios resistentes no solo durante vários anos, o que torna a doença difícil de gerir (Coley-Smith e Cooke, 1971).

Cuong e Dohroo (2006) relataram as características morfológicas, culturais e fisiológicas de *S. sclerotiorum,* causando a não formação de talo em couve-flor. Observaram que o fungo produzia micélio aéreo, que era hialino, consistindo em hifas estreitamente septadas e medindo 2,0-9,4 cm. Os micro-conídios foram produzidos em conidióforos do micélio vegetativo e mediam 1,5-3,5 cm. Os esclerócios eram de cor preta, redondos a irregulares e mediam 2-15 x 1,5-7 mm. Os apotécios eram redondos ou do tipo globoso, com diâmetro variando de 2-9 mm. Os ascos eram hialinos e cilíndricos e mediam 91- 165 x 4,9-8,5 cm. Os ascósporos eram elípticos e variavam de 6,5-13 x 4,2-6,6 µm.

Luong *et al.* (2010) relataram o míldio de Sclerotinia na província de Qunag Nam, Vieynam. A doença é comum nas estações frias e húmidas do inverno e da primavera nos feijões frade e trepador, no amendoim e, ocasionalmente, nas plantas de malagueta.

Hansda *et al.* (2014) observaram que, durante o inverno, o micélio branco do agente patogénico cobria a área infetada e que se formavam esclerócios de cor escura no tecido infetado em 21 espécies de plantas, incluindo a brinjal. Em brinjal, batata, tomate, repolho e couve-flor, formaram-se esclerócios no interior do caule infetado.

Javeria *et al.* **(2014)** isolaram diferentes estirpes de *S. sclerotiorum* da doença. As amostras foram recolhidas de diferentes hospedeiros e locais. Dois isolados em fababean e mostarda amarela) mostraram um crescimento lento das colónias e o isolado de feno-grego produziu um número máximo (43) de esclerócios e o isolado de lambs quarter produziu um número mínimo de esclerócios (12) em meio PDA.

lqbal *et al.* **(2003)** observaram tapetes de micélio branco e fofo em tecidos infectados de caules, folhas e frutos, juntamente com escleróticas escuras de forma e tamanho irregulares de *S. sclerotiorum*, causando a podridão por Sclerotinia da brinjal. Provaram a patogenicidade de *Sclerotinia sclerotiorum* em cultivares de brinjal "Pusa purple long" e "Multan selection" e registaram 26,7 e 47,3% de incidência da doença em condições de estufa, respetivamente.

Chang *et al.* **(2003)** observaram que a podridão de Sclerotinia ocorreu severamente em algumas culturas hortícolas cultivadas nas áreas de Namyangju, Yangpyung e Yangiu na Coreia em 2001-2002. O fungo associado à doença foi identificado como *Sclerotinia sclerotiorum*, com base nos sintomas e nas características morfológicas do agente patogénico. A patogenicidade do fungo foi comprovada através da inoculação artificial de cada cultura. Este é o primeiro relatório sobre a podridão de Sclerotinia em culturas hortícolas na Coreia.

Seleção de germoplasma de brinjal contra o míldio de Sclerotinia do brinjal.

Sahni *et al.* **(2018)** analisaram trinta e dois genótipos de rajmas, recolhidos do Projeto de Investigação Coordenada de Toda a Índia sobre MULLaRP, T.C.A., Dholi, contra a podridão de Sclerotinia. Dessas entradas, dos 32 genótipos avaliados, apenas um genótipo, Utkarsh, foi considerado resistente e cinco genótipos (RKR 1038-1, RKR 1011, Amber, Arun e Uday) apresentaram resistência moderada. Dois genótipos, ou seja, SKUAB 341 e SKUAST WB 1634, apresentaram uma reação moderadamente suscetível. No entanto, vinte e quatro genótipos apresentaram uma reação sensível e altamente suscetível contra esta doença.

Gestão do míldio de Sclerotinia da couve-brincadeira Botânicos

Kumar *et al.* **(2017)** realizaram uma investigação para identificar os produtos botânicos eficazes contra a *Sclerotinia sclerotiorum*. A investigação foi realizada num desenho de blocos completamente aleatórios (CRBD) com 4 tratamentos, incluindo controlo não tratado e replicado três vezes. Foram avaliados 3 produtos botânicos, ou seja, *Allium sativum, Curcuma longa* e *Zingiber officinale,* contra *S. sclerotiorum.* Os resultados revelaram que todos os produtos botânicos testados inibiram significativamente o crescimento de *S. sclerotiorum* em todas as concentrações testadas, a saber, 20, 40 e 60 por cento; no entanto, a sua eficácia aumentou gradualmente com o aumento da concentração. O Allium sativum contém ingredientes químicos (alicina, di-sulfureto de alilo) que possuem a propriedade de inibir o crescimento radial do micélio e a formação de esclerócios de S. sclerotiorum in-vitro. A inibição máxima foi registada no extrato bruto de alho, seguido do açafrão-da-terra e do zinger. A 20% de concentração, o crescimento mínimo (0,00 mm) foi registado no extrato bruto de alho, seguido da curcuma (25,60 mm) e do zinger (31,00 mm), enquanto o crescimento máximo de 90 mm foi registado no controlo. Na concentração de 40%, o crescimento mínimo (0,00 mm) foi registado no extrato bruto de alho, seguido da curcuma (18,40 mm) e do zinger (31,60 mm); na concentração de 60%, o crescimento mínimo (0,00 mm) foi registado no extrato bruto de alho, seguido da curcuma (12,80 mm) e do zinger (13,80 mm), e o crescimento máximo foi registado na placa de controlo. Em todas as três concentrações, o extrato bruto de alho foi significativamente superior a outros extractos a 20, 40 e 60% de concentração.

Shivpuri e Gupta (2001) testaram o efeito de extractos de 18 plantas contra *S. sclerotiorum*, causador da podridão do caule da mostarda, utilizando a técnica de alimentos envenenados. Verificaram que os extractos de *Allium cepa, Azadirachta indica, Datura stramonium, Ocimum tenuiflorum, Polyalthia longifolia, Tagetes erecta, Catharanthus roseus, Withania somnifera e Allium sativum* inibiam quase completamente o crescimento micelial do fungo.

Chattopadhyay *et al.* (2007) referiram que o tratamento com o isolado GR de *Trichoderma harzianum* e o extrato de cravo-da-índia de *Allium sativum* provocou um aumento significativo da germinação das sementes e do comprimento da radícula da mostarda indiana, reduzindo a podridão de Sclerotinia.

Tripathi e Tripathi (2009) utilizaram diferentes extractos de plantas viz, *Allium sativum, Eucalyptus globosus, Azadirachta indica, Ocimum sanctum (O. tenuiflorum), Parthenium hysterophorus, Bougainvillea spectabilis, Lantana camara, Datura stramonium, Calotropis procera e Capsicum annum* contra *Sclerotinia sclerotiorum* que causa a podridão do caule da mostarda indiana (*Brassica juncea*). A inibição máxima do crescimento das colónias do patogéneo foi observada em *Allium sativum* (71,11%), seguido de *Azadirachta indica* (50,37%), *O. sanctum* (38,15%) e *C. procera* (22,96%).

Yadav (2009) testou a eficácia in vitro de cinco produtos botânicos, nomeadamente *Allium sativum, Allium cepa, Eucalyptus globosus, Azadirachta indica e Calotropis procera,* contra *S. sclerotiorum,* que provoca o apodrecimento do caule da mostarda indiana. *O Allium sativum e o Eucalyptus globosus* foram mais eficazes do que o controlo.

Yadav *et al.* (2009) avaliaram dez extractos de plantas para testar a sua capacidade antimicrobiana contra cinco isolados de *S. sclerotiorum.* Todos os extractos de plantas testados foram considerados eficazes no controlo do crescimento radial de *S. sclerotiorum.* No entanto, os extractos de *Calotropis gigantean* e *Azadirachta indica* foram considerados mais eficazes na redução do crescimento radial de *S. sclerotiorum.*

Meena *et al.* (2013) também relataram que a podridão de Sclerotinia foi reduzida em plantas que receberam uma combinação de tratamento de sementes e pulverização foliar com extractos de bolbos de alho.

Gestão biológica

Upamanya e Dutta (2019) realizaram um estudo para descobrir os agentes de biocontrolo eficazes contra agentes patogénicos importantes da beringela. Mostrou que, de seis (6) agentes de biocontrolo indígenas viz. *Beauveria bassiana, Metarhizium anisopliae, Trichoderma asperellum, T. harzinum, Paecilomyces lilacinus* e *Gliocladium virens, T. harzianum* mostrou inibição máxima de *Rhizoctonia solani* (74,44%), *Fusarium solani* (70,68%), *Alternaria melongenae* (72,48%), *Sclerotinia sclerotiorum* (69,15%) e *Phomopsis vexans* (77,82). *T. asperellum* e *G. virens* também mostraram uma inibição significativamente melhor contra estes agentes patogénicos que causam doenças em beringela do que *B. bassiana, M. anisopliae* e *P. lilacinus.* O presente estudo demonstrou que *T. harzianum, T. asperellum* e *G. virens podem* ser utilizados para a preparação de bioformulações para o controlo de doenças da brinjal.

Singh (2001) testou onze subtratos naturais contra a *Sclerotinia sclerotiorum* em condições laboratoriais. As sementes de Bajra suportaram a produção máxima de esclerócios, ao passo que as sementes de Ajowan se revelaram um mau produtor de esclerócios.

Singh (1998) observou que os filtrados de cultura de *Trichoderma viride* eram mais eficazes do que *Trichoderma harzianum* na inibição de *Sclerotinia sclerotiorum em* condições *in vitro* e *in vivo* para a gestão da doença.

Bhardwaj *et al.* **(1992)** referiram que os filtrados de cultura de *Trichoderma viride, Trichoderma harzianum e Gliocladiumvirens* foram considerados eficazes na gestão de *Sclerotiniasclerotiorumin* num estudo de cultura dupla.

Abdullah *et al.* **(2008)** testaram o potencial de biocontrolo de isolados de *Trichoderma harzianum e Bacillus amyloliquefaciens in vitro* e *in vivo* contra *S. sclerotiorum*. O estudo mostrou que *T. harzianum* e *B. amyloliquefaciens* inibiram o crescimento e a produção de micélios e esclerócios. Os isolados locais, *T. harzianum* e *B. amyloliquefaciens, pareceram* exibir micoparasitismo e antibiose, respetivamente, no estudo *in vitro*. Como antagonistas, estes isolados protegeram mais de 80% das plântulas de tomate, abóbora e beringela inoculadas com *S. sclerotiorum*. A eficácia de *T. harzianum* e *B. amyloliquefaciens* em comparação com dois produtos comerciais, Plant Shield e Soil Gard, no controlo de *S. sclerotiorum* foi semelhante ou ligeiramente inferior, dependendo da planta cultivada

Kumar *et al.* **(2017)** efectuaram um estudo para avaliar a eficácia de diferentes produtos botânicos no crescimento micelial de *Sclerotinia sclerotiorum* em condições *in vitro*. A partir do presente estudo, pôde-se concluir que *Allium sativum* e *curcuma longa* foram registados, o que inibiu completamente o crescimento do micélio, seguido por *Zingiber officinale* (17,3 mm), *Allium cepa* (28,30 mm), *Azardirachta indica* (50.33 mm), *Ocimum tenuiflorum* (53,33 mm), *Datura stramonium* (67,70 mm), *Parthenium hysterophorus* (71,67 mm), *Capsicum annuum* (74,00 mm) e *Lantana camera* (74,33), enquanto o crescimento máximo foi registado no controlo (90,00 mm) do crescimento micelial.

Gestão de produtos químicos:

Singh *et al.* **(2008)** testaram a eficácia de fungicidas, extractos de plantas e biopesticidas *in vitro* e *in vivo*. O Bavistin (0,1%), o Vitavax (0,1%) e o Topsin-M (0,15%) revelaram-se os mais eficazes na inibição do crescimento do agente patogénico *in vitro* e no controlo das doenças no campo. O biopesticida Nimbidine também se revelou eficaz, mas ligeiramente menos eficaz do que o fungicida sistémico, exceto o Chlorothalonil. Sendo a nimbidina um bioproduto seguro, ecológico e económico, pode ser utilizada na gestão da doença.

Bharti *et al.* **(2015)** realizaram uma experiência no Departamento de Patologia Vegetal, Escola Superior de Agricultura, RVSKVV, Gwalior (M.P.) durante 2014-15 para avaliar a eficácia de diferentes fungicidas no crescimento micelial da podridão do caule causada por *Sclerotinia sclerotiorum* sob a técnica *in-vitro* de alimentos envenenados. *O* presente estudo permitiu concluir que o carbendazim 50% WP, o propiconazole 25% EC e o tiofanato metílico 70% WP inibiram completamente o crescimento micelial e a formação de esclerócios, enquanto o hexaconazole 5% SC (80,46% e 0,667), o thiram 75% SD (72,65% e 1,333), o ridomil (71.08% e 1,333) e mancozeb 75% WP (69,53% e 0) foram considerados menos eficazes, mas o oxicloreto de cobre 50% WP (44,13% e 1,333) e o enxofre 80% WDG (13,66% e 2,333) foram inibidos no controlo par (0,00% e 3,333) no crescimento micelial e na formação de esclerócios, respetivamente.

Krishnamoorthy *et al.* **(2017)** relataram que o patógeno *Sclerotinia sclerotiorum* infecta o repolho levando a uma condição de doença chamada podridão da cabeça. Estudaram o efeito de oito fungicidas diferentes, nomeadamente propinebe, carbendazime, tebuconazol, nativo (tebuconazol + trifloxistrobina), fosetil-alumínio, triciclazol, metalaxil e cresoxime-metilo, em concentrações de 25, 50, 100 e 250 ppm, contra o crescimento de *Sclerotinia sclerotiorum in vitro*. Os resultados revelaram que o fungicida native foi o mais eficaz, inibindo o crescimento do agente patogénico nas quatro concentrações. Seguiram-se o carbendazim e o tebuconazol, que apresentaram uma inibição completa nas concentrações de 100 e 250 ppm

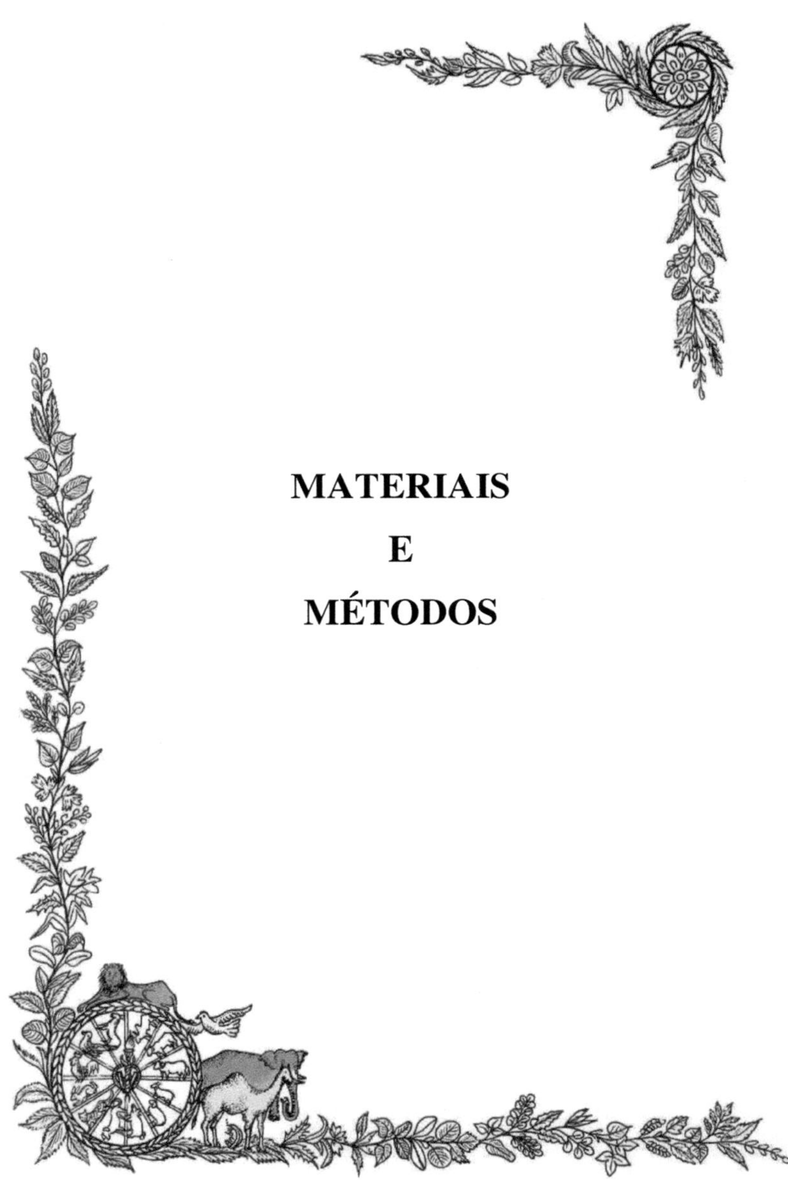

MATERIAIS

E

MÉTODOS

Capítulo III
MATERIAIS E MÉTODOS

A presente investigação intitulada "**Management of Sclerotinia blight of Brinjal**" foi realizada no Departamento de Fitopatologia e na Quinta de Instrução do Estudante (SIF), Faculdade de Agricultura, Universidade de Agricultura e Tecnologia Acharya Narendra Deva, Kumarganj, Ayodhya (U.P) durante 2019-2020. Os pormenores dos materiais utilizados e o método experimental adotado durante as investigações são descritos neste capítulo-

3.1 Condições geográficas e climáticas do local:

3.2 O sítio experimental

O sítio experimental da Universidade de Agricultura e Tecnologia Acharya Narendra Deva, Kumarganj, Ayodhya (U.P.) situa-se na estrada de Raibareli, a 46 km de Ayodhya. Situada nas planícies indo-gangéticas a 26,47 de latitude norte, 82,12 de longitude leste e a uma altitude de 113 m do nível médio do mar. A região está sujeita a um clima sub-húmido e subtropical, com uma precipitação média anual de cerca de 1200 mm. Cerca de 80% da precipitação total é recebida entre meados de junho e finais de setembro, sendo este período conhecido como meses de monção. Os meses de inverno são muito frios, enquanto os meses de verão são muito quentes e secos. Geralmente, os ventos quentes começam no final de abril e continuam até ao início da monção.

3.3 Plano de experiências:

As experiências foram efectuadas no campo, com a preparação a n t e c i p a d a de sementes, fertilizantes e materiais de ensaio, como micronutrientes e produtos químicos. Foram adquiridas diferentes variedades/genótipos de brinjal (*Solanum melongena* L.) no Departamento de Ciências Vegetais, Faculdade de Horticultura da Universidade.

3.4 Preparação das terras e cultivo das culturas:

A terra foi bem preparada com uma lavoura profunda com arado de revolvimento do solo, seguida de duas gradagens cruzadas. Todo o campo foi marcado com uma corda para que a sementeira fosse efectuada em lin

has com um espaçamento de 60 cm entre duas linhas. O campo também foi dividido em blocos e parcelas para fornecer canais para irrigação e drenagem.

15

3.5 Aplicações de fertilizantes:

A dose recomendada de fertilizantes (N: P: K-150:100:50kg/ha) foi aplicada sob a forma de ureia, superfosfato simples e murato de potássio. Metade da dose de fertilizante azotado e a dose completa de fósforo e potássio foram aplicadas em sulcos como cobertura basal na altura da plantação. A restante meia dose de fertilizante azotado foi administrada em três doses divididas iguais. A primeira dose dividida é dada um mês e meio após o transplante, a segunda dose um mês após a primeira aplicação e a última três meses e meio após o transplante.

3.6 Recolha de amostras de doenças:

As amostras doentes foram recolhidas no local experimental. As folhas infectadas, os caules, os esclerócios formados no caule foram recolhidos da planta infetada em sacos de polietileno esterilizados. Assim, as partes sintomáticas típicas recolhidas foram mantidas em envelopes secos e ásperos e marcadas claramente mencionando a localização, as partes infectadas, os tipos de reação, a data de recolha, etc. e levadas para o laboratório para isolamento do agente patogénico e identificação do agente patogénico.

3.7 Limpeza e esterilização de material de vidro

Todos os objectos de vidro utilizados no presente estudo foram limpos com detergente em pó e, em seguida, limpos com uma solução de cloreto de mercúrio a 0,1% e, finalmente, lavados com água da torneira. Este material de vidro limpo foi esterilizado num forno de ar quente a 160 °Ċ. Os objectos metálicos, como lâminas, tesouras, pinças, agulhas de inoculação, brocas de cortiça, etc., foram esterilizados por imersão em álcool e aquecidos em chama até ficarem em brasa antes da inoculação. O fluxo laminar foi esterilizado com formalina e lâmpada ultravioleta antes da utilização. A aguardente foi utilizada como desinfetante geral das mãos. O material de vidro seco foi esterilizado a 160^0 C durante 2 horas num forno de ar quente.

3.8 Isolamento, identificação e comprovação da patogenicidade de Sclerotinia blight of Brinjal.

1. As folhas infectadas que apresentam os sintomas típicos do míldio de Sclerotinia são recolhidas e levadas para o laboratório. O isolamento do agente patogénico é feito em Potato Dextrose Agar (PDA) a partir de plantas doentes colhidas no campo.

3.8.1 Preparação de meios de agar de dextrose de batata Preparação de meios de cultura

O meio de batata-dextrose-ágar (PDA) foi utilizado para o isolamento e a manutenção de culturas puras do agente patogénico do míldio da esclerotinia. Os ingredientes do meio de Batata-Dextrose-Ágar utilizado durante a investigação são apresentados a seguir.

Meio de ágar dextrose de batata (meio PDA)

O meio de ágar dextrose de batata com a seguinte composição foi preparado de acordo com o método descrito por Jonhston e Booth (1983).

Batata descascada: 200,00 g

Dextrose: 20,00 g

Ágar: 20,00 g

Água destilada: 1000,00 ml

As batatas descascadas foram cortadas em cubos de 12 mm. Duzentos gramas de cubos de batata foram lavados em água e fervidos durante 20 minutos em 500 ml de água. O caldo de batata foi filtrado através de um pano de queijo e guardado num cilindro de medição. O ágar foi derretido em 500 ml de água por aquecimento e completado até 1000 ml por adição de água destilada. O pH foi ajustado para 7,0. O PDA foi vertido em tubos de ensaio para a preparação de PDA slant e também em frascos. Em seguida, estes foram esterilizados a 15 psi ou durante 20 minutos numa autoclave.

Isolamento do agente patogénico:

O agente patogénico foi isolado em meio PDA, uma pequena porção de tecido doente juntamente com uma porção de tecido saudável adjacente e esclerócios foram cortados em pequenos pedaços (3 a 5 mm de comprimento) e depois esterilizados à superfície com 0,1% de $HgCl_2$ durante 30 segundos. Os pedaços foram depois lavados três vezes com água destilada esterilizada. Os pedaços esterilizados e lavados foram inoculados assepticamente em placas de Petri esterilizadas contendo meio PDA. As placas de Petri inoculadas foram incubadas a uma temperatura de 20 a 25^0 C durante cinco a seis dias. Quando a colónia de fungos se desenvolveu, um pequeno corte de micélio único foi transferido para outra placa de Petri contendo meio PDA para obter uma cultura pura.

3.8.2 Manutenção e armazenamento do agente patogénico

A cultura pura do agente patogénico *S. sclerotiorum* foi mantida em placas de PDA durante todo o período de investigação através de subculturas periódicas em meios frescos e armazenada num frigorífico a 4^0 C.

3.9 Teste de patogenicidade

Para testar a patogenicidade, o *S. sclerotiorum* isolado foi purificado em cultura fresca. O disco micelial desta cultura fresca foi inoculado na planta de brinjal perto da zona rizosférica. Os vasos contendo apenas o solo esterilizado foram mantidos como controlo. Após alguns dias, o agente patogénico suspeito produziu o mesmo sintoma que estava presente na planta hospedeira original.

3.10 Sintomatologia:

Foram registadas as observações relativas aos sintomas do míldio de Sclerotinia. As plantas foram examinadas de perto e os sintomas da doença foram observados semanalmente.

3.10.1 Caracteres da colónia micelial e dos esclerócios

A colónia micelial e o carácter esclerocial do patogénio foram estudados em meio PDA 2,0 por cento. As placas de Petri contendo o meio foram inoculadas com discos de micélio de 5,0 mm retirados de uma cultura de crescimento ativo com 3 dias de idade. As placas de Petri foram incubadas a 25 ± 2^0 C.

A colónia de micélios e os caracteres dos esclerócios foram examinados após a inoculação durante 10 dias e foram feitas as seguintes observações. Cor da colónia e tipo de crescimento, cor do micélio, padrão de ramificação, largura e septação e forma, tamanho e cor dos esclerócios.

3.11 Rastreio de germoplasma de brinjal contra Sclerotinia bight

Foram obtidos 45 germoplasmas de brinjal no Department of Vegetable Science, College of Horticulture, A.N.D. University of Agriculture and Technology Kumarganj, Ayodhya (U.P). O germoplasma de Brinjal, que foi selecionado nestas experiências, é apresentado no quadro.

Quadro 1: Lista dos genótipos/variedades de brinjal utilizados para o rastreio:

№.	TRATAMENTOS	№..	TRATAMENTOS
1.	BRRHYB-1	27.	BRRVAR-6
2.	BRRHYB-2	28.	BRRVAR-7
3.	BRRHYB-4	29.	BRRVAR-8
4.	BRRHYB-5	30.	BRRVAR-9
5.	BRRHYB-6	31.	BRRVAR-11
6.	BRRHYB-7	32.	BRRVAR-12
7.	BRLHYB-1	33.	BRRVAR-13
8.	BRLHYB-2	34.	BRRVAR-14
9.	BRLHYB-3	35.	BRRVAR-15
10.	BRLHYB-5	36.	BRLVAR-1
11.	BRLHYB-6	37.	BRLVAR-3
12.	BRLHYB-7	38.	BRLVAR-4
13.	BRLVAR-1	39.	BRLVAR-5
14.	BRLVAR-2	40.	BRLVAR-6
15.	BRLVAR-3	41.	BRLVAR-7
16.	BRLVAR-4	42.	BRLVAR-8
17.	BRLVAR-5	43.	BRLVAR-9
18.	BRLVAR-6	44.	BRLVAR-10
19.	BRLVAR-7	45.	BRLVAR-11
20.	BRLVAR-8		
21.	BRLVAR-9		
22.	BRRVAR-1		
23.	BRRVAR-2		
24.	BRRAVR-3		
25.	BRRVAR-4		
26.	BRRVAR-5		

Todos os genótipos de brinjal foram seleccionados quanto à fonte de resistência contra o míldio de Sclerotinia do Brinjal em condições de campo, utilizando uma escala de 0-4 (Singh e Shukla 1985). A percentagem de gravidade da doença (PDI) foi calculada utilizando a fórmula.

O Índice Percentual de Doença (IPD) foi calculado utilizando a fórmula de Mckinney (1923), tal como indicado aqui:

$$PDI = \frac{\text{Sum of all numerical ratings}}{\text{number of leaves} \times \text{maximum disease rating}}$$

Após a inoculação artificial, as observações foram registadas regularmente até 15 dias para verificar o aparecimento de sintomas de Sclerotinia blight e a sua gravidade.

Quadro 2: Escala de classificação de doenças para o míldio de Sclerotinia em brinjal (Singh e Shukla 1985).

Escala de classificação	Percentagem de área foliar infetada	Reação à doença
0	Sem infeção (saudável)	Resistente
1	1 a 25% de área foliar infetada	Moderadamente resistente
2	25,1 a 50% de área foliar infetada	Moderadamente suscetível
3	50,1 a 75% da superfície foliar infetada	Suscetível
4	Mais de 75% da superfície foliar infetada	Altamente suscetível

3.12 Isolamento de isolados de Trichoderma e Pseudomonas

3.12.1 Técnica de diluição em série:

Foram recolhidas amostras de solo rizosférico de várias regiões agro-climáticas da Índia. Pesou-se 1gm de amostra de solo e misturou-se num tubo de ensaio com 10 ml de água destilada esterilizada e misturou-se corretamente. Esta foi uma diluição de 10^{-1}. Após a sedimentação, foi retirado 1 ml da suspensão e colocado noutro tubo de ensaio com 9 ml de água destilada esterilizada. Esta foi uma diluição de 10^{-2}. Este processo foi repetido até 10^{-7} diluições.

3.12.2 Isolamento de Pseudomonas

Cerca de 0,2 ml de suspensão foram retirados de diluições de 10^{-5} e 10^{-6} e vertidos em placas de meio King's B (KBM). As suspensões foram espalhadas no meio com a ajuda de uma espátula. As placas foram então mantidas numa incubadora BOD durante 2-3 dias a 25 ± 2^0 C. Após a incubação, quando se observaram colónias de bactérias nas placas, estas foram colhidas e semeadas noutra placa de KBM vertida para obter uma cultura pura. Estas estirpes foram conservadas em placas de KBM.

3.12.3 Isolamento de Trichoderma

Foram retirados cerca de 0,2 ml de suspensão de diluições de 10^{-5} e 10^{-6} e vertidos em placas de meio seletivo *Trichoderma* (TSM). As suspensões foram espalhadas no meio com a ajuda de uma espátula. As placas foram então mantidas numa incubadora BOD durante 3-4 dias a 28 ± 2^0 C. Após 3-4 dias, observou-se um crescimento de micélio de cor branca e fofo, que foi então colhido e mantido numa placa de PDA para obtenção de cultura pura. Estas estirpes foram conservadas em placas de PDA.

3.13 Identificação dos isolados de Trichoderma

As culturas puras de *Trichoderma* foram re-cultivadas assepticamente a partir de slants de reserva numa placa de Petri de 8,5 cm. Deixou-se que esporulassem à temperatura ambiente de 28 ± 2 °C; 12 h de escuridão e 12 h de luz. O micélio formou-se tipicamente em três ou quatro dias como tufos compactos ou soltos em tons de verde ou amarelo ou, menos frequentemente, branco. Todas estas observações foram registadas especialmente em PDA. O crescimento radial da colónia de *Trichoderma* em PDA foi observado diariamente até a placa ficar totalmente coberta. As culturas puras foram transferidas para PDA fresco para caraterização em agregados *de espécies*. Para o exame microscópico, foram cortados micélios de 3 mm da cultura e transferidos para uma lâmina de vidro esterilizada com uma gota de lactofenol-azul de algodão, com a ajuda de uma agulha de inoculação. As culturas duplas foram efectuadas em triplicado e repetidas pelo menos três vezes à temperatura ambiente de 28 ± 2 °C.

3.13.1 Método de cultura dupla:

a. Trichoderma

A cultura dupla de patogéneo e *Trichoderma* foi feita no meio PDA. Um disco micelial de 5 mm do agente patogénico foi inoculado num dos lados e um disco micelial de 5 mm dos isolados de *Trichoderma* foi inoculado no outro lado da mesma placa de Petri. A distância entre o agente patogénico e o isolado de *Trichoderma* foi mantida em 5 cm. As placas foram então incubadas a uma temperatura de 25^0 C. O crescimento radial do agente patogénico e do *Trichoderma* foi medido em intervalos de 24 horas até 7 dias após a incubação. As observações foram registadas até 7 dias de inoculação na área coberta pelas estirpes de *Trichoderma* e pelo agente patogénico. Foi registada a inibição do crescimento micelial dos fungos patogénicos por cada estirpe.

 A percentagem de inibição do crescimento foi avaliada aplicando a fórmula dada por (Dennis e Webster, 1971, Arora e Upadhyay, 1978)

$$PIRG = \frac{r1 - r2}{r1}\, 100$$

em que, PIRG = percentagem de inibição do crescimento radial;

r_1 = crescimento radial de *S. sclerotiorum* na placa de controlo

r_2 = crescimento radial de *S. sclerotiorum* na placa de intersecção

b. Pseudomonas

As placas de Petri contendo meio PDA foram inoculadas com *Pseudomonas* num dos bordos, em linha reta, e com um disco de micélio do agente patogénico de 5 mm no bordo oposto, a uma distância de 5 cm. As placas inoculadas foram incubadas a 25^0 C numa incubadora BOD. O crescimento radial do agente patogénico foi medido em intervalos de 24 horas até 7 dias após a incubação. A inibição do crescimento dos micélios do fungo patogénico por cada estirpe foi registada. No caso de placas com antibiose, os resultados foram expressos como zona de inibição.

3.14 Eficácia de diferentes produtos botânicos contra o míldio de Sclerotinia da brinjalina em condições in vivo

Foram utilizadas 5 plantas disponíveis localmente, nomeadamente folhas de Ocimum (*Ocimum indicum* L.), alho (*Allium sativum* L.), cravinho, Neem (*Azadirachta indica* juss.), Dhatura (*Dhatura stramoneum* L.) e bolbo de cebola (*Allium cepa* L.) para testar a sua eficácia contra o míldio de Sclerotinia. Os extractos de folha/bolbo das plantas são analisados contra o míldio de Sclerotinia da couve-flor a 10% e 15% de concentração.

Quadro 3: Lista de plantas com nome comum, nome botânico, família e parte utilizada.

Nº..	Nome comum	Nome Botânico	Família	Peça utilizada
1.	Tulsi	*Ocimum indicum* L.	Labitaceae	Folhas
2.	Alho	*Allium sativumL.*	Lilliaceae	Cravinho
3.	Neem	*Azardirachta indica* apenas.	Meliáceas	Semente
4.	Dhatura	*Dhatura stramoneum* L.	Solanace	Folhas
5.	Cebola	*Allium cepa* L.	Lilliaceae	Lâmpadas

3.14.1 Preparação do extrato vegetal

Os extractos de plantas foram preparados esmagando folhas de tulsi, alho (cravinho), semente de neem, dhatura (folha) e cebola (bolbo) com água destilada esterilizada. O material foi seco à temperatura ambiente (25^0 C) durante 6 horas antes da extração para remover os vestígios de água. 100 g de folhas de plantas esmagadas separadamente com 100 ml de água esterilizada e os grãos de sementes de Neem foram recolhidos e a casca foi removida e esmagada com um pilão de almofariz e recolhida em panos de musselina bem fixos e mergulhada em água destilada durante a noite. O extrato foi então filtrado através de um pano de musselina e centrifugado durante 30 minutos a 5000 rpm. Os extractos foram esterilizados passando-os através de um filtro Millipore (tamanho de poro de 0,22 mícron) utilizando um adoptador de filtro.

Detalhes do tratamento

T_1 : Pulverização foliar de extrato de folhas de tulsi (folhas).

T_2 : Pulverização foliar de extrato de dentes de alho.

T_3 : Pulverização foliar de extrato de sementes de nim.

T_4 : Pulverização foliar de extrato de folhas de dhatura.

T_5 : Pulverização foliar de extrato de bolbos de cebola.

T_6 : Controlo

3.15 Gestão do míldio de Sclerotinia do brinjal.

As presentes investigações foram efectuadas durante a estação Rabi 2019-2020 na Quinta de Instrução de Estudantes da Universidade de Agricultura e Tecnologia A.N.D., Kumarganj. Ayodhya (U.P.) A eficácia do extrato de semente de nim (15%), Carbendazim (0,1%), Panchgabya (como pulverizações foliares), bio-agentes (*Trichoderma harzianum* (0,4%), *Pseudomonas fluorescens* (0,5%) (como aplicação no solo) e consórcio com feno-grego isoladamente e em combinação para ver o seu efeito individual e combinado na praga de Sclerotinia da gestão da doença de brinjal. Os fungicidas e os produtos botânicos foram aplicados como pulverizações foliares a intervalos de 15 dias, com a primeira pulverização aos 75 dias após a transplantação (DAT) e a segunda pulverização aos 90 dias após a transplantação. Na parcela de controlo, apenas foi pulverizada água. Sete dias após a última pulverização, a gravidade das doenças das plantas foi registada em todos os tratamentos e calculada a redução da doença em cada tratamento, em percentagem de controlo da doença. Foram seguidas todas as práticas agronómicas recomendadas. Os pormenores das experiências são os seguintes

Detalhes experimentais:

Desenho: Desenho de blocos aleatórios

Dimensão da parcela: 2×3 m^2

Replicação: 3

Tratamentos: 7

Espaçamento: 60×45 cm

Detalhes do tratamento:

T_1: Aplicação no solo com *Trichoderma harzianum* (0,4%)

T_2: Aplicação no solo com *Pseudomonas fluorescens* (0,5%)

T_3: Pulverização foliar com Carbendazim 50 WP (0,1%)

T_4: Cultura intercalar com feno-grego

T_5: Cobertura com folhas de Neem

T_6: Pulverização foliar com Panchgabya (urina de vaca + estrume de vaca + coalhada + leite + ghee) a 30%

T_7: Controlo

Observação registada

> Primeiro aparecimento da doença.

> A gravidade da doença foi registada no primeiro aparecimento da doença e após um intervalo de 15 d i a s .

> A percentagem de controlo da doença foi calculada utilizando a seguinte fórmula

Percentagem de controlo da doença = C-T/C×100

Onde como,

C = percentagem de incidência da doença no controlo (sem controlo).

T = percentagem de incidência da doença no tratamento.

3.16 Análise estatística dos dados:

Os dados das experiências realizadas no laboratório, nas parcelas e nos campos foram submetidos a uma análise estatística. Os dados foram transformados sempre que necessário. As diferenças críticas foram calculadas ao nível de 5,0 por cento de probabilidade para determinar a diferença entre os tratamentos.

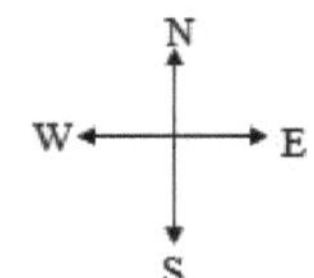

R₁ R₂ R₃

Canal de irrigação principal			

3.0 m

2.0

T₃	T₅	T₇
T₅	T₁	T₃
T₇	T₄	T₅
T₁	T₇	T₆
T₄	T₂	T₁
T₆	T₃	T₂
T₂	T₆	T₄

Plano de implantação do campo experimental

RESULTADOS EXPERIMENTAIS

Capítulo IV
RESULTADOS EXPERIMENTAIS

Os resultados experimentais baseiam-se nos dados registados no decurso do presente inquérito intitulado "Management of Sclerotinia blight o f brinjal". Os resultados das presentes investigações assim obtidos são descritos nas rubricas seguintes:

4.1 Isolamento, identificação do agente patogénico e sua patogenicidade.

4.2 Seleção de germoplasma de brinjal contra o míldio de *Sclerotinia* do brinjal.

4.3 Eficácia de diferentes produtos botânicos contra o míldio de *Sclerotinia em* condições *in vivo*.

4.4 Estudar a gestão do míldio de *Sclerotinia* da beringela.

4.1.1 Sintomatologia

O desenvolvimento sequencial dos sintomas da doença foi observado e registado em plantas de brinjal inoculadas mantidas em casa de rede. O primeiro sintoma da doença foi registado 5 dias após a pulverização dos inóculos. As plantas infectadas no campo mostraram os sintomas iniciais da doença como lesões circulares a alongadas encharcadas de água perto da inflorescência, seguidas de um aspeto aquoso de podridão mole e desenvolvimento de uma mancha descolorida no ponto de infeção. As partes da planta para além do ponto de infeção desenvolvem murchidão por necrose. Nos estádios avançados e em condições de humidade fresca, o micélio emerge e os esclerócios iniciais compactos de cor creme, bem como os esclerócios pretos amadurecidos de vários tamanhos, são evidentes nas partes acima do solo.

Fig. 1: Sintoma do míldio de Sclerotinia em Brinjal

4.1.2 Isolamento do agente patogénico

O patógeno *S. sclerotiorum* foi isolado em meio PDA por esclerócios obtidos do caule infetado da planta do ovo. Uma pequena porção de tecido doente, juntamente com uma porção de tecido saudável adjacente, foi cortada em pequenos pedaços (3 a 5 mm de comprimento) e depois esterilizada à superfície com 0,1% de $HgCl_2$ durante 30 segundos. As peças foram depois lavadas três vezes com água destilada esterilizada. Os pedaços esterilizados e lavados foram inoculados assepticamente em placas de Petri esterilizadas contendo meio PDA. As placas de Petri inoculadas foram incubadas a 20 a 25^0 C durante cinco a seis dias. Quando a colónia de fungos se desenvolveu, um pequeno corte de micélio único foi transferido para outra placa de Petri contendo meio PDA para obter uma cultura pura.

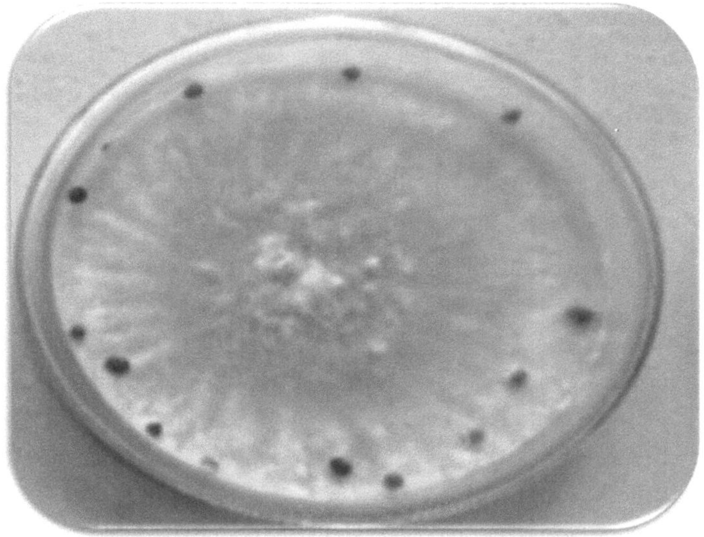

Fig.: 2: Cultura pura de Sclerotinia, sclerotiorum

4.1.3 Crescimento e morfologia das colónias.

Após o isolamento, a cultura fúngica foi purificada através da adoção do método da ponta de hifa. Após 24 horas, começou a aparecer uniformemente um tipo de colónia de fungos com crescimento esbranquiçado. Mais tarde, o crescimento do fungo foi muito rápido e cobriu todas as placas de Petri em 72 horas. Após 4-5 dias de crescimento, pequenos tufos miceliais começaram a desenvolver-se na periferia das placas de Petri e, mais tarde, esse crescimento cobriu toda a placa de Petri. Mais tarde, estes tufos miceliais converteram-se em esclerócios duros de cor preta.

4.1.4 Teste de patogenicidade:

Para testar a patogenicidade, o *S. sclerotiorum* isolado foi purificado em cultura fresca. O disco micelial desta cultura fresca foi inoculado na planta de brinjal perto dazona rizosférica. Os vasos que continham apenas o solo esterilizado foram mantidos como controlo. Após alguns dias, o agente patogénico suspeito produziu o mesmo sintoma que estava presente na planta hospedeira original.

4.2 Seleção de germoplasma de brinjal contra o míldio de Sclerotinia do brinjal.

Quarenta e cinco germoplasmas de brinjal foram seleccionados na Quinta de Vegetais, Departamento de Ciências Vegetais, Faculdade de Horticultura e Silvicultura. A sua reação ao míldio de *Sclerotinia* em condições naturais de campo. O germoplasma foi selecionado de acordo com a escala 0-4 (Singh e Shukla 1985).

Ogermoplasma foi agrupado em várias categorias de resistente e suscetível com base na percentagem de plantas infectadas, conforme descrito, e os resultados estão resumidos no Quadro 4.

De 45 germoplasmas, 3 germoplasmas, *nomeadamente* BRLVAR-3, BRRVAR-1 e BRRVAR-15, foram considerados resistentes, 38 germoplasmas, *nomeadamente* BRRHYB-2, BRRHYB-4, BRRHYB-6, BRRHYB-7 , BRLHYB-1 , BRLHYB-2, BRLHYB-3, BRLHYB-6, BRLVAR-(AVT- II)-1, BRLVAR-(AVT- II)-2, BRLVAR-(AVT- II)-3, BRLVAR-(AVT- II)-4, BRLVAR-(AVT- II)-5, BRLVAR-(AVT- II)-6, BRLVAR-(AVT- II)-7, BRLVAR-(AVT- II)-8,BRLVAR-(AVT- II)-9, BRLVAR-(AVT- I)-1, BRLVAR-(AVT- I)-4, BRLVAR-(AVT-I)-5, BRLVAR-(AVT- I)-6, BRLVAR-(AVT- I)-7, BRLVAR-(AVT- I)-8, BRLVAR- (AVT- I)-9, BRLVAR-(AVT- I)-10, BRLVAR-(AVT- I)-11, BRRVAR-2, BRRVAR-3, BRRVAR-4, BRRVAR-5, BRRVAR-6, BRRVAR-7, BRRVAR-8, BRRVAR-9,BRRVAR-11, BRRVAR-12, BRRVAR-13, BRRVAR-14. foram consideradas moderadamente resistentes, 4 germoplasma viz, BRRHYB-1, BRRHYB-5, BRLHYB-5, BLRHYB-7 foram considerados moderadamente susceptíveis, nenhum germoplasma foi considerado suscetível e altamente suscetível ao míldio de Sclerotinia. A doença varia de 0 por cento em BRLVAR-3, BRRVAR-1, BRRVAR-15 a 33,33 por cento em germoplasma BRLHYB-5 e BRLHYB-7.

Fig.3: Vista de campo da seleção de germoplasmas de Brinjal

Quadro . 4 Reação à doença e grau dos germoplasmas de brinjal contra o míldio de Sclerotinia da brinjal.

№... de genótipos	Grau	Nome dos genótipos	Reação à doença
3	0	BRLVAR-3, BRRVAR-1, BRRVAR-15	Resistente
38	1	BRRHYB-2, BRRHYB-4, BRRHYB-6, BRRHYB-7, BRLHYB-1 , BRLHYB-2, BRLHYB-3, BRLHYB-6, BRLVAR-(AVT-II)-1,BRLVAR-(AVT-II)-2, BRLVAR-(AVT-II)-3,BRLVAR-(AVT-II)-4, BRLVAR-(AVT-II)-5,BRLVAR-(AVT-II)-6, BRLVAR-(AVT-II)-7,BRLVAR-(AVT-II)-8, BRLVAR-(AVT-II)-9,BRLVAR-(AVT-I)-1, BRLVAR-(AVT-I)-4,BRLVAR-(AVT-I)-5, BRLVAR-(AVT-I)-6,BRLVAR-(AVT-I)-7, BRLVAR-(AVT-I)-8,BRLVAR-(AVT-I)-9, BRLVAR-(AVT-I)-10,BRLVAR-(AVT-I)-11,BRRVAR-2,BRRVAR-3,BRRVAR-4,BRRVAR-5,BRRVAR-6,BRRVAR-7,BRRVAR-8,BRRVAR-9,BRRVAR-11,BRRVAR-12,BRRVAR-13,BRRVAR-14.	Moderadamente resistente
4	2	BRRHYB-1, BRRHYB-5, BRLHYB-5, BLRHYB-7	Moderadamente suscetível
0	3	Nulo	Suscetível
0	4	Nulo	Altamente suscetível

Quadro .5 Percentagem de doença nos genótipos de brinjal.

Nₒ..	Nome do genótipo	Média da percentagem de doença
1	BRRHYB-1	30.5
2	BRRHYB-2	13.8
3	BRRHYB-4	16.66
4	BRRHYB-5	30.55
5	BRRHYB-6	22.22
6	BRRHYB-7	13.88
7	BRLHYB-1	22.22
8	BRLHYB-2	19.44
9	BRLHYB-3	5.55
10	BRLHYB-5	33.33
11	BRLHYB-6	16.66
12	BRLHYB-7	32.33
13	BRLVAR-1(AVT-II)	16.66
14	BRLVAR-2(AVT- II)	13.88
15	BRLVAR-3(AVT-II)	7.33
16	BRLVAR-4(AVT-II)	11.11
17	BRLVAR-5(AVT-II)	25
18	BRLVAR-6(AVT-II)	16.66
19	BRLVAR-7(AVT-II)	22.22
20	BRLVAR-8(AVT-II)	13.88
21	BRLVAR-9(AVT-II)	16.66
22	BRLVAR-1(AVT-I)	8.33
23	BRLVAR-3(AVT-I)	0
24	BRLVAR-4(AVT-I)	12.15
25	BRLVAR-5(AVT-I)	8.33
26	BRLVAR-6(AVT-I)	13.88
27	BRLVAR-7(AVT-I)	25
28	BRLVAR-8(AVT-I)	25
29	BRLVAR-9(AVT-I)	5.55

30	BRLVAR-10(AVT-I)	25
31	BRLVAR-11(AVT-I)	8.33
32	BRRVAR-1	0
33	BRRVAR-2	11.11
34	BRRVAR-3	8.33
35	BRRVAR-4	22.22
36	BRRVAR-5	16.66
37	BRRVAR-6	11.11
38	BRRVAR-7	19.44
39	BRRVAR-8	8.33
40	BRRVAR-9	13.88
41	BRRVAR-11	13.88
42	BRRVAR-12	5.55
43	BRRVAR-13	13.88
44	BRRVAR-14	11.11
45	BRRVAR-15	0

4.3 Eficácia de diferentes produtos botânicos contra o míldio de Sclerotinia do brinjal em condições in vivo a 10% de concentração

A concentração de 10 por cento dos extractos de plantas foi testada *in vivo* para determinar a eficácia de cinco extractos de plantas. Os dados apresentados no quadro 6 indicam que todos os extractos de plantas foram mais ou menos eficazes e apresentaram uma redução da incidência da doença. A incidência mínima da doença foi encontrada nos extractos de alho (18,85%) seguidos de Neem (20,21%), Ocimum (22,67%), Dhatura (24,07%) e cebola (28,11%) em comparação com plantas não tratadas (33,07%).

Tabela. 6 Efeito do extrato da planta na percentagem de incidência da doença contra o míldio de Sclerotinia da couve-brincadeira in vivo a 10% de concentração

Extrato de planta	Percentagem de incidência da doença	Percentagem de controlo da doença
Alho	18.85 (24.64)	42.99
Neem	20.21 (26.69)	38.88
Ocimum	22.67 (28.41)	31.44
Dhatura	24.07 (29.38)	27.14
Cebola	28.11 (32.01)	14.99
Controlo	33.07 (35.10)	
CD a 5%	**2.25**	

Os valores indicados entre parêntesis são valores transformados

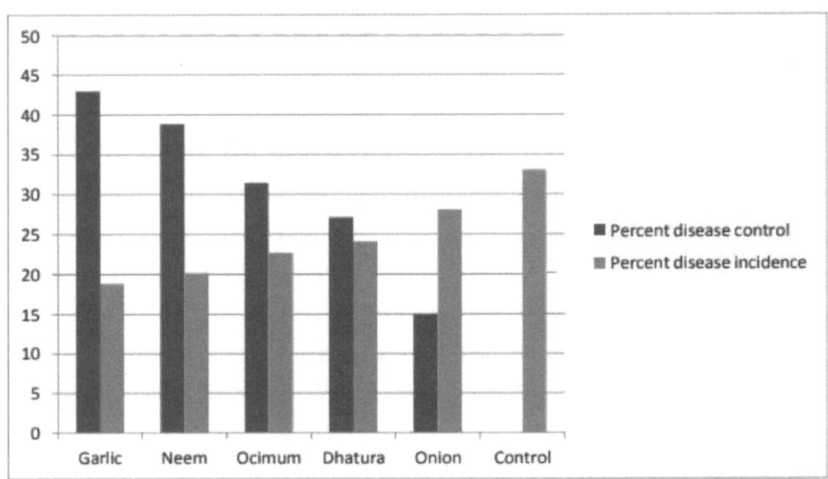

Fig. 4: Efeito do extrato da planta na percentagem de incidência da doença contra o míldio de Sclerotinia da couve-brincadeira in vivo a 10% de concentração

4.3.1 Efeito na percentagem de controlo da doença

A percentagem mais elevada de controlo da doença, de 42,99%, foi registada no alho, seguida do Neem (38,88%), Ocimum (31,44%), Dhatura (27,14%) e cebola (14,99%), em comparação com as plantas não tratadas.

O controlo da doença entre o alho e o Neem, o Ocimum e o Dhatura foram iguais entre si. Os restantes tratamentos diferiram significativamente entre si no que diz respeito à percentagem de controlo da doença. Assim, o controlo da doença foi mais elevado no Alho e Neem e mínimo na Cebola e Dhatura.

4.3.2 Eficácia de diferentes produtos botânicos contra o míldio de Sclerotinia do brinjal em condições in vivo a uma concentração de 15%

A concentração de 15 por cento dos extractos de plantas foi testada *in vivo* para determinar a eficácia de cinco extractos de plantas. Os dados apresentados no quadro 7 indicam que todos os extractos de plantas foram mais ou menos eficazes e apresentaram uma redução da incidência da doença. A incidência mínima da doença foi encontrada nos extractos de alho (15,98%), seguido de Neem (16,91%), Ocimum (19,88%), Dhatura (20,21%) e cebola (24,67%) em comparação com plantas não tratadas (32,33%).

Tabela. 7 Efeito do extrato da planta na percentagem de incidência da doença contra o míldio de Sclerotinia da couve-brincadeira in vivo a uma concentração de 15%

Extrato de planta	Percentagem de incidência da doença	Percentagem de controlo da doença
Alho	15.98 (23.55)	50.57
Neem	16.91 (24.26)	47.69
Ocimum	19.88 (26.45)	38.50
Dhatura	20.21 (26.69)	37.38
Cebola	24.67 (29.77)	23.69
Controlo	32.33 (34.65)	
CD a 5%	**1.51**	

Os valores indicados entre parêntesis são valores transformados

Fig. 5: Efeito do extrato da planta na percentagem de incidência da doença contra o míldio de Sclerotinia da couve-brincadeira in vivo a 15% de concentração

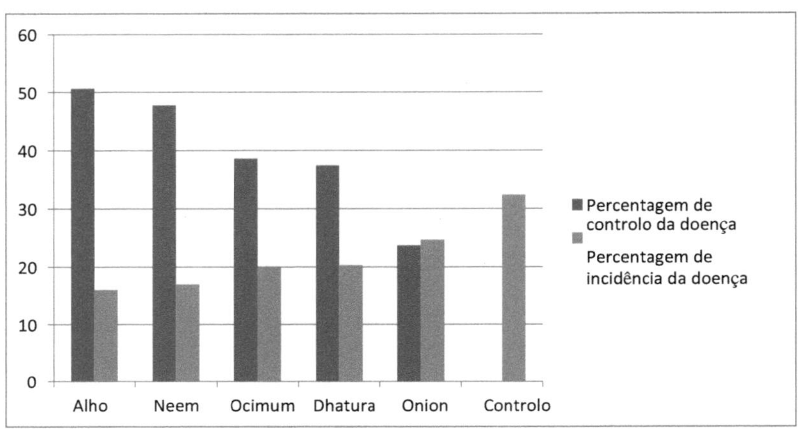

4.3.3 Efeito na percentagem de controlo da doença

A percentagem mais elevada de controlo da doença, de 50,57%, foi registada no alho, seguida do Neem (47,69%), Ocimum (38,50%), Dhatura (37,38%) e cebola (23,69%), em comparação com as plantas não tratadas.

O controlo da doença entre o alho e o Neem, o Ocimum e o Dhatura foram iguais entre si. Os restantes tratamentos diferiram significativamente entre si no que diz respeito à percentagem de controlo da doença. Assim, o controlo da doença foi mais elevado no Alho e Neem e mínimo na Cebola e Dhatura.

4.4 Gestão do míldio de Sclerotinia da couve-brincadeira

Os efeitos de 7 tratamentos viz., T_1 - *Trichoderma harzianum* (0,4%), T2- *Pseudomonas fluorescens* (0,5%), T3- Carbendazim 50 WP (0,1%), T_4 - Inter crop with Fenugreek, T_5 -Neem leaf mulching, T_6 - Foliar Spray with Panchgabya, T_7 - Control foram avaliados contra a praga de Sclerotinia da brinjal. Todos os tratamentos foram mais ou menos eficazes e apresentaram uma redução da doença e aumentaram significativamente o rendimento em comparação com o controlo.

Após a primeira pulverização foliar do tratamento contra o míldio de Sclerotinia da beringela, todos os tratamentos foram considerados significativamente superiores ao controlo não tratado. Foi observada uma severidade mínima da doença de 9,50% no tratamento T3 - Carbendazim-50 WP (0,1%) seguido por T1 - *Trichoderma harzianum* (0,4%) (11,99%) seguido por T2 - *Pseudomonas fluorescens* (0,5%) com (14.88%) T5 - Neem leaf mulching, (15.66%), T6 - Pulverização foliar com Panchgabya com (16.33%), T4 - Inter cropping com Feno-grego com (16.87%), e o máximo (26.25%) de severidade da doença foi encontrado T7 (pulverização de água apenas). A pulverização foliar de Carbendazim-50 WP (0,1%) foi mais eficaz com 9,50% de gravidade da doença em comparação com todos os tratamentos.

Após a segunda pulverização dos tratamentos, todos os tratamentos foram considerados significativamente superiores em comparação com o controlo. A severidade mínima de 11,33% da doença foi observada no tratamento T3 -Carbendazim-50 WP (0,1%) seguido por T1 - *Trichoderma harzianum* (0,4%) com (14,11%), T2 - *Pseudomonas fluorescens* (0.5%) com (16.50%), T5 - Neem leaf mulching com (17.25%), T6 - Foliar Spray com Panchgabya com (19.88%), T4 - Inter cropping com Fenugreek com (20.25%). A severidade máxima da doença foi encontrada em T7 - (spray de água apenas). A pulverização foliar de Carbendazim-50 WP (0,1%) foi mais eficaz com 11,33% de gravidade da doença em comparação com todos os tratamentos.

Tabela. 8 Efeito do tratamento na gestão do míldio de Sclerotinia da brinjal após a primeira pulverização.

№	Tratamentos	Percentagem de gravidade da doença	Percentagem de controlo da doença
1	T_1	11.99 (20.23)	54.32
2	T_2	14.88 (22.67)	43.31
3	T_3	9.50 (17.93)	63.80
4	T_4	16.87 (24.33)	35.73
5	T_5	15.66 (23.29)	40.34
6	T_6	16.33 (23.82)	36.79
7	T_7	26.25 (30.80)	0
	SEm	0.32	
	CD	**0.97**	

Os dados entre parêntesis são o valor da transformação dos dados médios.

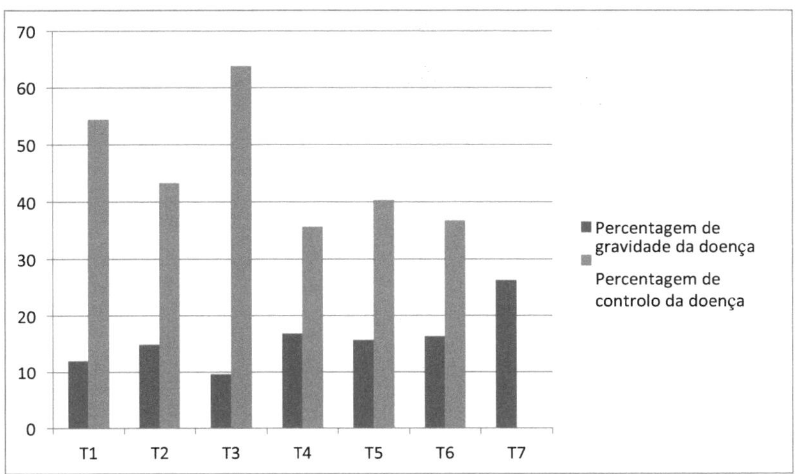

Fig: 6. Efeito do tratamento na gestão do míldio de Sclerotinia da beringela após a primeira pulverização.

4.4.1 Percentagem de controlo da doença:

Os dados apresentados na (tabela 9) indicam que todos os tratamentos foram mais ou menos eficazes e exibiram redução na doença e aumentaram significativamente o rendimento em comparação com o controlo. O controlo máximo da doença (63,80%) foi encontrado em T_3 - seguido de T_1 - (54,32%), T_2 - (43,31%), T_5 - (40,34%), T_6 - (35,79%), T_4 - (35,73%), respetivamente.

O T_3 foi o mais eficaz com (63,80%) de controlo da doença em comparação com outros tratamentos contra o míldio de Sclerotinia da beringela.

Após a segunda pulverização, o controlo máximo da doença (64,10%) foi encontrado em T_3 seguido de T_1 (55,29%), T_2 (47,71%), T_5 (45,34%), T_6 (37,00%), T_4 (35,83%), respetivamente. O T_3 foi o mais eficaz com (64,10%) de controlo da doença em comparação com outros tratamentos.

Tabela. 9 Efeito do tratamento na gestão do míldio de Sclerotinia da brinjal após a segunda pulverização.

Tratamentos	Percentagem de gravidade da doença	Percentagem de controlo da doença
T_1	14.11 (22.01)	55.29
T_2	16.5 (23.89)	47.71
T_3	11.33 (19.62)	64.10
T_4	20.25 (26.73)	35.83
T_5	17.25 (24.96)	45.34
T_6	19.88 (26.37)	37.00
T_7	31.56 (31.17)	0
SEm±	0.78	
CD a 5%	**2.37**	

Os dados entre parêntesis são o valor da transformação dos dados médios.

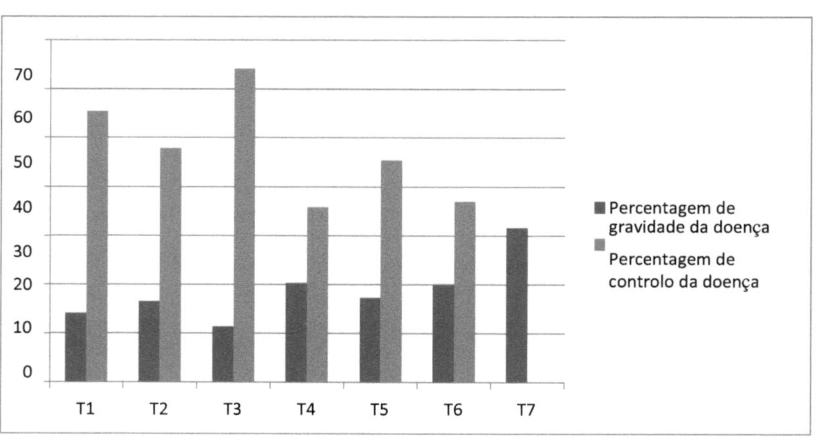

Fig. 7: Efeito do tratamento na gestão do míldio de Sclerotinia da beringela após a segunda pulverização.

DISCUSSÃO

Capítulo V
DISCUSSÃO

A Brinjial (*Solanum melongena* L.) ou planta do ovo, pertencente à família Solanaceae, é uma das culturas hortícolas mais importantes, que se crê ter sido originária da Índia, e muitas espécies desta planta ainda crescem em estado selvagem neste país. Em todo o mundo, a produção de produtos hortícolas é ameaçada por muitas pressões bióticas e abióticas. Entre as pressões bióticas, sabe-se que os insectos-praga e os agentes patogénicos das plantas têm efeitos adversos na produção de produtos hortícolas.

A beringela é um dos legumes mais importantes da Ásia, onde se produz mais de 90% da produção mundial de beringelas. É o legume mais comum cultivado nos diferentes estados da Índia e considerado como o legume dos pobres devido à sua produtividade. É uma cultura perene, mas, comercialmente, é preferida como uma cultura anual. É utilizada como matéria-prima nas indústrias de produção de pickles e de desidratação. É também utilizada na medicina ayurvédica para curar a diabetes e é um bom aperitivo.

Entre as várias doenças, o míldio da esclerotinia, causado por *Sclerotinia sclerotorum* (Lib.) De Bary, é uma doença importante que provoca a perda de qualidade e quantidade de frutos de brinjal. Na entressafra, as espécies de *Sclerotinia* sobrevivem principalmente através de esclerócios que podem estar presentes na superfície do solo em campos não arados, em restos de culturas ou misturados com as sementes. 12 meses após a colheita da cultura e a queda no solo, o máximo de esclerócios (57,5%) sobreviveu à superfície do solo e 12,5% a 5 cm de profundidade. Os esclerócios enterrados a 10 cm de profundidade apresentaram apenas 2,5% de viabilidade. No passado, a doença do brinjal foi gerida por vários métodos, nomeadamente químico, cultural, resistência do hospedeiro e gestão biológica. No entanto, observou-se que os agentes patogénicos desenvolveram resistência à utilização regular de produtos químicos. A utilização de métodos de gestão alternativos é a melhor opção para a gestão desta doença, como as variedades resistentes e os bio-agentes e o controlo biológico. *Sclerotinia sclerotiorum* é um importante agente patogénico foliar, que afecta uma vasta gama de produtos hortícolas e culturas livres em muitos países (Ly *et al.*, 2002).

Sintomatologia:

O desenvolvimento sequencial dos sintomas da doença foi observado e registado em plantas de brinjal inoculadas. O primeiro sintoma da doença foi registado 5 dias após a inoculação. As plantas infectadas no campo mostraram os sintomas iniciais da doença como lesões circulares a alongadas, embebidas em água, perto da inflorescência, seguidas de podridão mole aquosa e desenvolvimento de manchas descoloridas no ponto de infeção. As partes da planta para além do ponto de infeção desenvolvem murchidão por necrose. Nas fases avançadas e em condições de humidade fria, o micélio emerge e os esclerócios iniciais compactos de cor creme, bem como os esclerócios pretos maduros de vários tamanhos, são evidentes nas partes acima do solo.

Singh (2003) observou que os sintomas de plantas de brinjal infectadas com *Sclerotinia sclerotiorum* mostravam necrose dos tecidos, murchidão, retalhamento do caule afetado, amarelecimento e queda de folhas nos frutos, manchas encharcadas de água e crescimento micelial branco fino e formação de esclerócios.

Singh e Singh (2004) afirmaram que *S. sclerotiorum* é inespecífico, omnívoro e um agente patogénico devastador das plantas. Está amplamente distribuído e foi registado como causador de várias doenças em diferentes espécies de plantas.

Higgins (1927) observou o crescimento micelial e a formação de *esclerócios* de *Sclerotinia sclerotiorum* em decocção de vagens de pimenta em cultura.

Isolamento do agente patogénico

O agente patogénico foi isolado em meio PDA e a cultura pura foi obtida utilizando o método da ponta de hifa. O agente patogénico era idêntico a *S. sclerotiorum* com base nos seus caracteres culturais e morfológicos. As colónias do fungo cresceram rapidamente, geralmente de branco a castanho após 5 dias de incubação. A cor do micélio era branco-algodão no início, tornando-se depois castanho-amarelado. Observavam-se frequentemente gotículas de água brilhantes nas placas de cultura à volta dos tufos de micélio. Mais tarde, estes tufos miceliais transformaram-se em esclerócios duros de cor preta. O carácter cultural e morfológico semelhante do fungo também foi descrito por Alexopoulas (1996) e Dubey (2005).

Teste de patogenicidade:

O teste de patogenicidade revelou que diferentes partes da planta, nomeadamente folhas, caules e frutos, foram facilmente infectadas pelo agente patogénico e apresentaram sintomas da doença após 4-5 dias de inoculação. O agente patogénico foi re-isolado da parte afetada e foram encontrados caracteres semelhantes de colónia, micélio e esclerócio do agente patogénico, confirmando assim a sua patogenicidade. Iqbal *et al.* (2003); Bairwa *et al.* (2020) observaram tapetes de micélio branco e fofo nos tecidos infectados de caules, folhas e frutos, juntamente com escleróticas escuras de forma e tamanho irregulares de *S. sclerotiorum*, causando a podridão por Sclerotinia da beringela. Provaram a patogenicidade de *Sclerotinia sclerotiorum* em cultivares de brinjal "Pusa purple long" e "Multan selection" e registaram 26,7 e 47,3% de incidência da doença em condições de estufa, respetivamente.

Erikson (1880) descreveu o agente patogénico da podridão do caule do trevo como *Sclerotinia sclerotiorum*.

Rai e Agnihotri (1970) registaram a presença de *Sclerotinia sclerotiorurn* em Gaillardia de Jobner. Posteriormente, foi registada em funcho, batata, girassol, ervilha, brinjal, mostarda, etc., de outras partes do estado (Sehgal e Agrawal, 1971 e Singh e Agrawal, 1989).

Bolton *et al.,* (2006) referiram que a *Sclerotinia sclerotiorum* (L) de Bary é patogénica para uma vasta gama de hospedeiros em todo o mundo. O agente patogénico sobrevive sob a forma de esclerócios resistentes no solo durante vários anos, o que torna a doença difícil de gerir (Coley-Smith e Cooke, 1971).

Hansda *et al.* (2014) observaram a formação de micélio branco do agente patogénico e de esclerócios de cor escura no tecido infetado em 21 plantas e espécies, incluindo a brinjal. Em brinjal, batata, tomate, repolho e couve-flor, os esclerócios formaram-se no interior do caule infetado.

Seleção varietal de germoplasma de brinjal contra o míldio de Sclerotinia do brinjal.

Quarenta e cinco germoplasmas de brinjal foram seleccionados contra o míldio de *Sclerotinia* em condições naturais de campo, seguindo uma escala de classificação de 0-4. De 45 germoplasmas, 3 germoplasmas, *nomeadamente* BRLVAR-3, BRRVAR-1 e BRRVAR-15, foram considerados resistentes e 38 germoplasmas, *nomeadamente* BRRHYB-2, BRRHYB-4, BRRHYB-6, BRRHYB-7, BRLHYB-1 ,BRLHYB-2, BRLHYB-3, BRLHYB-6, BRLVAR-(AVT- II)-1, BRLVAR-(AVT- II)-2, BRLVAR- (AVT- II)-3,

BRLVAR-(AVT- I I)-4, BRLVAR-(AVT- II)-5, BRLVAR-(AVT- II)-6, BRLVAR-(AVT-II)-7, BRLVAR-(AVT- II)-8, BRLVAR-(AVT- II)-9, BRLVAR- (AVT- I)-1, BRLVAR-(AVT- I)-4, BRLVAR-(AVT- I)-5, BRLVAR-(AVT- I)-6, BRLVAR-(AVT- I)-7, BRLVAR-(AVT- I)-8, BRLVAR-(AVT- I)-9, BRLVAR-(AVT- I)-10, BRLVAR-(AVT- I)-11, BRRVAR-2, BRRVAR-3, BRRVAR-4, BRRVAR-5, BRRVAR-6, BRRVAR-7, BRRVAR-8, BRRVAR-9, BRRVAR-11, BRRVAR-12, BRRVAR-13, BRRVAR-14. foram consideradas moderadamente resistentes, 4 germoplasma *viz,* BRRHYB-1, BRRHYB-5, BRLHYB-5, BLRHYB-7 foram considerados moderadamente susceptíveis, nenhum germoplasma foi considerado suscetível e altamente suscetível ao míldio de Sclerotinia. A doença variou de 0% em BRLVAR-3, BRRVAR-1, BRRVAR-15 a 33,33% em germoplasma de BRLHYB-5 e BRLHYB-7. Os resultados semelhantes também foram relatados por Sahni *et al* (2018). Isto apoia as presentes conclusões.

Eficácia de diferentes produtos botânicos contra o míldio de Sclerotinia do brinjal *em* condições *in vivo.*

Cinco extractos de plantas, nomeadamente alho, Neem, Ocimum, Dhatura e cebola, foram testados *in vivo* contra *Sclerotinia sclerotiorum* a 10 e 15 por cento de concentração. Todos os extractos de plantas foram mais ou menos eficazes e apresentaram uma redução na incidência da doença do míldio de *Sclerotinia*. A eficácia dos extractos aumentou com o aumento da concentração. A uma concentração de dez por cento, foi encontrada uma incidência mínima da doença no alho (18,85%), seguida do extrato de Neem (20,21%), Ocimum (22,67%), Dhatura (24,07%) e cebola (28,11%), em comparação com plantas não tratadas (33,07%). O controlo máximo da gravidade da doença (42,99%) foi registado no alho, seguido do Neem (38,88%), Ocimum (31,44%) e Dhatura (27,14%), enquanto o mínimo foi registado na cebola (14,99%).

Na concentração de 15 por cento, a severidade mínima da doença foi encontrada no alho (15,98%), seguido de Neem (16,91%), Ocimum (19,88%), Dhatura (20,21%) e cebola (24,67%), em comparação com plantas não tratadas (32,33%). O maior controlo da doença, de 50,57%, foi registado no alho, seguido do Neem (47,69%), Ocimum (38,50%), Dhatura (37,38%) e cebola (23,69%), em comparação com as plantas não tratadas. Assim, confirma-se que a concentração de 15% do extrato da planta foi considerada mais eficaz do que 10%. Tripathi e Tripathi (2009) avaliaram diferentes extractos de plantas viz. *Allium sativum, Eucalyptus globosus, Azadirachta indica, Ocimum sanctum (O.tenuiflorum), Parthenium hysterophorus, Bougainvillea spectabilis, Lantana camara, Datura stramonium, Calotropis procera* e *Capsicum annum* contra *Sclerotinia sclerotiorum* que provoca a podridão do caule da mostarda indiana. A inibição máxima do crescimento das colónias do patogéneo foi observada em *Allium sativum* (71,11%), seguido de *Azadirachta indica* (50,37%), *O. sanctum* (38,15%) e *C. procera* (22,96%).

Chattopadhyay *et al.* (2007) referiram que o tratamento com o isolado GR de *Trichoderma harzianum* e o extrato de cravo-da-índia de *Allium sativum* provocou um aumento significativo da germinação das sementes e do comprimento da radícula da mostarda indiana, reduzindo a podridão de Sclerotinia.

Yadav (2009) testou a eficácia *in vitro* de cinco produtos botânicos, nomeadamente *Allium sativum, Allium cepa, Eucalyptus globosus, Azadirachta indica e Calotropis procera,* contra *S. sclerotiorum,* que provoca o apodrecimento do caule da mostarda indiana. *O Allium sativum* e *o Eucalyptus globosus* foram mais eficazes do que o controlo. Os resultados semelhantes também foram comunicados por Kumar *et al.,* (2017), o que apoia as presentes conclusões.

Gestão do míldio de *Sclerotinia* da couve-brincadeira

A eficácia do extrato de semente de nim (15%), Carbendazim (0,1%), Panchgabya (como pulverizações foliares), bio-agentes (*Trichoderma harzianum* (0,4%), *Pseudomonas fluorescens* (0,5%) (como aplicação no solo) e culturas intercalares com feno-grego isoladamente e em combinação para ver o seu efeito individual e combinado na gestão da doença da praga da esclerotinia do brinjal. Os fungicidas e os produtos botânicos foram aplicados como pulverizações foliares a intervalos de 15 dias, com a primeira pulverização aos 75 dias após a transplantação (DAT) e a segunda pulverização aos 90 dias após a transplantação. Todos os tratamentos foram mais ou menos eficazes e mostraram uma redução da doença e aumentaram significativamente o rendimento em comparação com o controlo.

Foi observada uma percentagem mínima de gravidade da doença (11,33%) no tratamento T_3 Carbendazim-50 WP (0,1%) seguido de T_1 *Trichoderma harzianum* (0,4%) com (14,11%), T_2 *Pseudomonas fluorescens* (0,5%) com (16.50%), T_5 Neem leaf mulching com (17.25%), T_6 Foliar Spray com Panchgabya com (19.88%), T_4 Inter cropping com Fenugreek com (20.25%), a severidade da doença foi encontrada T_7 (spray de água apenas). A pulverização foliar de Carbendazim-50 WP (0,1%) foi mais eficaz com 11,33% de gravidade da doença em comparação com todos os tratamentos.

Os dados sobre a gravidade da doença de *Sclerotinia* blight of brinjal em diferentes tratamentos revelaram que todos os tratamentos reduziram a doença. O controlo máximo da doença (64,10%) registado pelo tratamento combinado de pulverização foliar de (Carbendazim-50 WP (0,1%) foi considerado o melhor tratamento na gestão da doença com um rendimento mais elevado (272q/ha.), enquanto *Trichoderma harzianum* (0.4%) (55,29%) foi o segundo melhor tratamento, seguido por *Pseudomonas fluorescens* (0,5%) (47,71%), cobertura morta de folhas de Neem (45,34%), cultivo intercalar com feno-grego (35,83%) e pulverização foliar com Panchgabya (37,00%).

Upamanya e Dutta (2019) realizaram um estudo para descobrir os agentes de biocontrolo eficazes contra agentes patogénicos importantes da beringela. Mostrou que de seis (6) agentes de biocontrolo indígenas viz. *Beauveria bassiana, Metarhizium anisopliae, Trichoderma asperellum, T. harzinum, Paecilomy ceslilacinus e Gliocladium virens, T. harzianum* mostrou inibição máxima de *Rhizoctonia solani* (74,44%), *Fusarium solani* (70,68%), *Alternaria melongenae* (72,48%), *Sclerotinia sclerotiorum* (69,15%) e *Phomopsis vexans* (77,82). *T. asperellum* e *G. virens* também mostraram uma inibição significativamente melhor contra estes agentes patogénicos que causam doenças em beringela do que *B. bassiana, M. anisopliae* e *P. lilacinus*. O presente estudo demonstrou que *T. harzianum, T. asperellum* e *G. virens* podem ser utilizados para a preparação de bioformulações para o controlo de doenças da brinjal.

Abdullah *et al.* (2008) relataram que *T. harzianum* e *B. amyloliquefaciens* inibiram o crescimento e a produção de micélios e esclerócios. Os isolados locais, *T. harzianum* e *B. amyloliquefaciens, pareceram* exibir micoparasitismo e antibiose, respetivamente, no estudo *in vitro*. Como antagonistas, estes isolados protegeram mais de 80% das plântulas de tomate, abóbora e beringela inoculadas com *S. sclerotiorum*. A eficácia de *T. harzianum* e *B. amyloliquefaciens* em comparação com dois produtos comerciais, Plant Shield e Soil Gard, no controlo de *S. sclerotiorum* foi semelhante ou ligeiramente inferior, dependendo da planta cultivada.

Bharti *et al.* (2015) avaliaram a eficácia de diferentes fungicidas no crescimento micelial da podridão *do caule* causada por *Sclerotinia sclerotiorum* sob a técnica de alimentos envenenados *in-vitro*. Concluíram que o carbendazim 50% WP, o propiconazol 25% EC e o tiofanato metílico 70% WP inibiram completamente o crescimento micelial e a formação de esclerócios, seguidos pelo hexaconazol 5% SC (80,46% e 0,667), thiram 75% SD (72,65% e

1,333), ridomil (71.08% e 1,333) e mancozeb75% WP (69,53% e 0) foram considerados menos eficazes, mas o oxicloreto de cobre 50% WP (44,13% e 1,333) e o enxofre 80% WDG (13,66% e 2,333) foram inibidos a par do controlo (0,00% e 3,333) no crescimento micelial e na formação de esclerócios, respetivamente. Os resultados semelhantes também foram relatados por Krishnamoorthy *et al.* (2017), que foram contrários aos presentes resultados.

RESUMO E CONCLUSÃO

Capítulo-VI
RESUMO E CONCLUSÃO

A Brinjial (*Solanum melongena* L.) ou planta do ovo é uma das mais importantes culturas hortícolas da Ásia, onde ocorre mais de 90% da produção mundial. É considerada como o vegetal dos pobres devido à sua elevada produtividade. A Índia é o segundo maior produtor mundial de brinjal, a seguir à China, e é cultivada ao longo de todo o ano. Entre as várias doenças, a praga da esclerotinia causada por *Sclerotinia sclerotorum* (Lib.) De Bary) é uma doença importante que causa perda de qualidade e quantidade de frutos de brinjal. Nas épocas de entressafra, as espécies de *Sclerotinia* sobrevivem principalmente através de esclerócios que podem estar presentes na superfície do solo em campos não arados, em resíduos de culturas ou misturados com as sementes. No passado, as doenças da brinjal foram geridas por vários métodos, nomeadamente químicos, culturais, biológicos e utilização de variedades resistentes. No entanto, observou-se que os agentes patogénicos desenvolveram resistência contra o uso regular de produtos químicos e que os agentes patogénicos têm uma vasta gama de hospedeiros. Assim, para minimizar as perdas causadas pelo míldio da esclerotinia, esta doença necessita de práticas de gestão pouco dispendiosas e ambientalmente seguras. Foram estudados diferentes aspectos da doença, bem como do agente patogénico, com sintomatologia e gestão da doença através de uma abordagem integrada contra *S. sclerotorum.*

As principais conclusões dos estudos são resumidas a seguir.

1. O agente patogénico foi isolado do caule e dos esclerócios infectados em meio PDA e o fungo foi purificado através da adoção do método da ponta de hifa. Ao fim de 24 horas, começou a aparecer uniformemente um tipo de colónia de fungos com crescimento esbranquiçado. Mais tarde, o crescimento do fungo foi muito rápido e cobriu toda a placa de Petri em 72 horas. Após 4-5 dias de crescimento, começaram a desenvolver-se pequenos tufos miceliais na periferia das placas de Petri e, mais tarde, esse crescimento cobriu toda a placa de Petri. Observaram-se frequentemente gotículas de água brilhantes nas placas de cultura à volta dos tufos de micélio. Mais tarde, estes tufos miceliais converteram-se em esclerócios duros de cor preta.

52

2. O primeiro sintoma da doença foi registado 5 dias após a inoculação, sob a forma de lesões circulares a alongadas, embebidas em água. Nas fases avançadas, o micélio emerge e os esclerócios de cor creme na fase inicial, após algum tempo, tornam-se pretos com tamanhos variáveis e são evidentes nas partes acima do solo.

3. A patogenicidade de *S. sclerotorum* foi comprovada de acordo com os postulados de Koch.

4. Quarenta e cinco germoplasmas de brinjal foram submetidos a um rastreio do míldio de *Sclerotinia* em condições naturais de campo, segundo uma escala de classificação de 0-4. Dos 45 germoplasmas avaliados, 3 germoplasmas, nomeadamente BRLVAR-3, BRRVAR-1 e BRRVAR-15, foram considerados resistentes ao míldio de *Sclerotinia*, No entanto, 38 germoplasmas foram considerados moderadamente resistentes, 4 germoplasmas, nomeadamente BRRHYB-1, BRRHYB-5, BRLHYB-5 e BLRHYB-7, foram considerados moderadamente susceptíveis e nenhum germoplasma foi considerado suscetível ou altamente suscetível. A doença varia de 0% em BRLVAR-3, BRRVAR-1, BRRVAR-15 a 33,33% no germoplasma BRLHYB-5 e BRLHYB-7.

5. Cinco extractos de plantas, nomeadamente alho, Neem, Ocimum, Dhatura e cebola, foram testados *in vivo* contra *Sclerotinia sclerotiorum* a 10 e 15 por cento de concentração. Todos os extractos de plantas foram mais ou menos eficazes e apresentaram uma redução na incidência da doença do míldio de *Sclerotinia*. A eficácia dos extractos aumentou com o aumento da concentração. A uma concentração de dez por cento, foi encontrada uma incidência mínima da doença no alho (18,85%), seguida do extrato de Neem (20,21%), Ocimum (22,67%), Dhatura (24,07%) e cebola (28,11%), em comparação com plantas não tratadas (33,07%). O controlo máximo da gravidade da doença (42,99%) foi registado no alho, seguido do Neem (38,88%), Ocimum (31,44%) e Dhatura (27,14%), enquanto o mínimo foi registado na cebola (14,99%).

A 15% de concentração, o mais eficaz foi encontrado no alho, que exibiu um controlo máximo da gravidade da doença (50,57%), seguido do Neem (47,69%), Ocimum (38,50%), Dhatura (37,38%), enquanto o mínimo foi registado na cebola (23,69%).

6. A eficácia do extrato de semente de nim (15%), Carbendazim (0,1%), Panchgabya (como pulverizações foliares), bio-agentes (*Trichoderma harzianum* (0,4%), *Pseudomonas fluorescens* (0,5%) (aplicação em solo) e culturas intercalares com feno-grego, isoladamente e em combinação, para verificar o seu efeito individual e combinado na gestão da doença da praga da esclerotinia do brinjal. Os fungicidas e os produtos botânicos foram aplicados como pulverizações foliares a intervalos de 15 dias, com a primeira pulverização aos 75 dias após a transplantação (DAT) e a segunda pulverização aos 90 dias após a transplantação. Todos os tratamentos foram mais ou menos eficazes e mostraram uma redução da doença e aumentaram significativamente o rendimento em comparação com o controlo.

Após a segunda pulverização dos tratamentos, todos os tratamentos foram considerados significativamente superiores em comparação com o controlo. A severidade mínima de 11,33% da doença foi observada no tratamento T_3- Carbendazim-50 WP (0,1%) seguido por T $_1$- *Trichoderma harzianum* (0,4%) com (14,11%), T_2- *Pseudomonas fluorescens* (0.5%) com (16.50%), T_5- Neem leaf mulching com (17.25%), T_6- Foliar Spray com Panchgabya com (19.88%), T_4- Inter cropping com Fenugreek com (20.25%). A severidade máxima da doença foi encontrada em T_7 - (spray de água apenas). A pulverização foliar de Carbendazim-50 WP (0,1%) foi mais eficaz com 11,33% de severidade da doença em comparação com todos os tratamentos. O controlo máximo da doença (63,80%) foi encontrado em T_3- seguido de T_1- (54,32%), T_2- (43,31%), T_5- (40,34%), T_6- (35,79%), T_4- (35,73%), respetivamente. O T_3 foi o mais eficaz com (63,80%) de controlo da doença em comparação com outros tratamentos contra o míldio da esclerotinia da beringela.

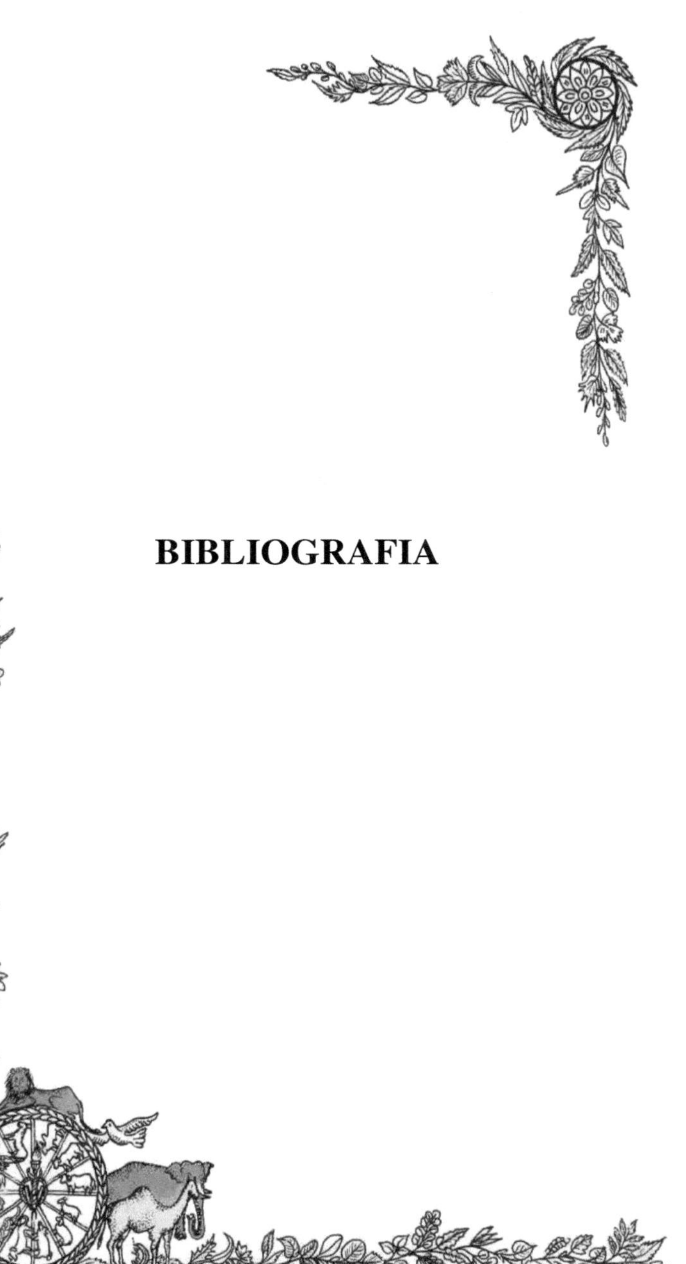

BIBLIOGRAFIA

BIBLIOGRAFIA

Abdullah, T.M., Ali, Y.N., e Suleman. (2008) Biological control of *Sclerotinia sclerotiorum* (Lib.) de Bary with *Trichoderma harzianum* and *Bacillus amyloque faciens*. Proteção das culturas, volume **27**, pp 1354-1359.

Bhardwaj, S.S.; Kansal Sandeep e Shyam, K.R. (1992). Antagonismo *in vitro* da micoflora do solo contra *Sclerotinia sclerotiorum* que causa o apodrecimento do caule da couve-flor *Plant disease* research - 7: 66-68.

Bolton, M. D., Thomma, B. P., & Nelson, B. D. (2006). Sclerotinia sclerotiorum (Lib.) de Bary: biologia e características moleculares de um agente patogénico cosmopolita. *Molecularplant pathology*, **7** (1), 1-16.

Bairwa, V. K., Godika, S., Sharma, J., Kumar, R., Nayak, N. G., e Choudhary, S. (2020). Gestão da doença da podridão de Sclerotinia do brinjal (*Sclerotinia sclerotiorum* Lib.) através de materiais indígenas em condições in vitro e in vivo. *IJCS*, **8**(4), 881-885.

Bharti, O. P., Pandya, K.R., Bobade, A., Gupta, C.J., e Sasode, S.R. (2015). Efeito dos fungicidas no crescimento do micélio da podridão do caule de Sclerotinia causada por *Sclerotinia sclerotiorum* na mostarda indiana. *The bioscan*, 10 (4): 1767-1769.

Carato, U.D.E. e Baviello; G. (2000). Ocorrência *de Sderotinia sclerotiorum* em *B. carinatain* no Sul de Itália (Basilicata) *Rinvenimento di. Sderotinia sderotiorum Su. Brassica carinata* in Basslicete, *Informatire phytopatholosica*, 50: 61-63.

Chattopatdhyay, C., Kumar, V.R. e Meena, P.D. (2007). Bio-gestão da podridão de Sclerotinia de *Brassica juncea* na Índia - um estudo de caso. *Phytomorphlogy*, **57** (1/2): 7183.

Cuong, N.D e Dohroo, N.P. (2006). Estudos morfológicos, culturais e fisiológicos sobre *Slerotinia sclerotiorum*, que causa a podridão do caule da couve-flor. *Omonrice*, **14:** 71- 77.

Cessna, S. G., Sears, V. E., Dickman, M. B., e Low, P. S. (2000). O ácido oxálico, um fator de patogenicidade para Sclerotinia sclerotiorum, suprime a explosão oxidativa da planta hospedeira. *The Plant Cell*, **12** (11), 2191-2199.

Dennis, C. e Webster, J. (1971). Propriedades antagónicas de grupos de espécies de Trichoderma: II. Produção de antibióticos voláteis. *Transactions of the British Mycological Society*, **57**(1), 41-IN4.

Gupta, S.K.; Shyam, K.R. e Dohroo; N.P. (1997). Sclerotinia wilt of French been. *Indian Phytopathology*, **50**: 593 -599.

Hansda, S., Ray, S. K., Dutta, S., & Khatua, D. C. (2014). Podridão de Sclerotini em Bengala Ocidental. *Journal of Mycopathological Research*, **52** (2), 273-278.

Higgins, B.B. (1927). Fisiologia e Parasitismo de *Sclerotinia spp.* Sacc. *Phytopathology*, 17: 417-448.

Iqbal, S.M., Ghafoor, A., Ahmad, Z. e Haqqani, A.M. (2003). Patogenicidade e eficácia fungicida para a podridão de *Sclerotinia em* brinjal. *International Journal of Agriculture & Biology*, **05** (4): 618-620.

Javeria, S., Kumar, H., Gangwar, R. K. Tyagi, S. e Yadav, R.S. (2014). Isolamento de organismos causadores de doenças das raízes do caule da brinjal e sua inibição in vitro com fungicidas e agentes de biocontrolo. Investigador Europeu, 83 (9-2): 1662-1670. Johanston, A. e Booth, C. (1983) Plant Pathology Pocket Book. Oxford e IBH Publishing Company pp. 439.

Jagger, I.C. (1920). *Sclerotinia minor,* new spp. causa da podridão da alface, do aipo e de outras culturas. *Agri. Ois.,* **20**. 331-334.

Johnson, D.A. (1994). Sclerotina stem rot of Potato. *Extension Bulletin Cooperative Economics Washington State Universit,* No. E.B. **113** 17902 pp.

Krishnamoorthy, K.K., Sankaralingam, A. e Nakkieran, S. (2017). Gestão da podridão da cabeça do repolho causada por *S. Sclerotiorum* através da aplicação combinada de fungicidas e biocontrolo Bacillus amylo liquefaciens. Revista internacional de estudos químicos, 5 (2): 401-404.

Luong, T. M., Huynh, L. M. T., Le, T. V., Burgess, L. W., & Phan, H. T. (2010). Primeiro relatório de Sclerotinia blight causado por Sclerotinia sclerotiorum em Quang Nam, Vietname. *Australasian Plant Disease Notes*, **5** (1), 42-44.

Meena, P.D., Gour, R.B., Gupta, J.C., Singh, H.K., Awasthi, R.P., Netam, R.S., Godika, S., Sandhu, P.S., Prasad, R., Rathi, A.S., Rai, D., Thomas, L., Patel, G.A., chattopadhyay, C. (2013). Os agentes não químicos fornecem alternativas sustentáveis e ecológicas para a gestão das principais doenças que devastam a mostarda indiana (Brassica juncea) na Índia. Proteção das culturas, 53: 169-174.

Ranja B.N. e Jana, I.C. (2001). Doença do bolor branco de *Phaseolus valgaris* (L) da região de Tarai do Bangal Oeste, *linteracade* M/c/a, **5**: 221-122.

Rai, R.A. e Agnihotri, J.P. (1970). Foot rot de *Gaillardia pulchella*. *Ciência e Cultura*, **36**: 284-286.

Roy, A.K. (1973). Gama de hospedeiros de *Sclerotinia sclerotiorum e Sclerotium rolfsii* em Jorhat *Assam, Sci. and Cult*, **39**: 319-320.

Scheid, L. e Uelzen, B. (1999). Sclerotinia stem blight of Potato. *Sclerotinia stengelfaule an Kartoffeln KartoffelbauQ:* 422-424.

Singh, M. e Shukla, T.N (1985). Evaluation of brinjal germplasm against altenaria leaf spot and fruit rot disease. Indian Journal Mycology Plant Pathology, **14**: 299-300.

Sahni S, Sarma BK, Singh DP, Singh HB, Singh KP (2018) analisou trinta e dois genótipos de rajmas, recolhidos do Projeto de Investigação Coordenada de Toda a Índia sobre MULLaRP, T.C.A., Dholi contra a podridão de Sclerotinia, contra *Sclerotium rolfsii*. *Crop Prot* **27**: 369-376

Singh, Y. (1998). Biological control of Sclerotinia rot of rape and mustard caused bySclerotinia sclerotiorum Plant Disease Research, 13: 144-146.

Shivpuri, A. e Gupta, R.B.L. (2001). Avaliação de diferentes fungicidas e extractos de plantas contra *Sclerotinia sclerotiorum* que provoca o apodrecimento do caule da mostarda. *Indian Phytopathology,* **54** (2): 272-274.

Singh Ramesh H, Singh P.C., Singh Narendra e Alka (2008). Avaliação de diferentes fungicidas e biopesticidas contra o míldio de Sclerotinia do brinjal (*Solanum melongena* L.), revista internacional de proteção das plantas, **2** (97-99).

Tu, J.C. (1989). Modos de infeção primária causada por *Sclerotinia sclerotiorum* no feijão-da-china. *Microbios*, **57** (231), 85-91

Tripathi, A. K. e Tripathi, S. C. (2009). Gestão da podridão do caule de Sclerotinia da mostarda indiana através de extractos de plantas. *Vegetos*, **22** (1): 1-3.

Won, S.C., e Kee, S.K.(2003). Primeiro relatório da podridão de Sclerotinia causada por *Sclerotinia sclerotiorum* em algumas culturas hortícolas na Coreia. The plant pathology journal, volume 19, edição pp. 79-84.

Yanar, Y.; Sahim, P. e Miller, S.A. (1996). Primeiro relatório sobre a podridão do caule e dos frutos do pimento causada por *Sclerotinia sclerotiorum Plant Disease*, **80:** 342.

Yadav, M.S. (2009). Efeito biopesticida de produtos botânicos na gestão de doenças da mostarda. *Indian Phytopathology,* **62** (4): 488-492.

Yadav, I. J., Gupta, V. K., Yadav, I. J., Verma, M. e Yadav, S. R. (2009). Avaliação de botânicos para a gestão in vitro de Sclerotinia sclerotiorum que causa o bolor branco de Phaseolous lunatus. Revista Internacional de Ciências Vegetais, 4 (1): 169-171.

Printed by Books on Demand GmbH, Norderstedt / Germany